"十三五"应用型本科院校系列教材/机械工程类

U0222343

主　编　张　博　胡金萍

副主编　贾福利　田素玲　吴　琼

主　审　王春香

材料力学

Mechanics of Materials

哈爾濱工業大學出版社
HARBIN INSTITUTE OF TECHNOLOGY PRESS

内 容 简 介

本书在满足工科专业少学时材料力学课程基本要求的前提下,以少而精的理念进行取材和编排章节内容,着重基本内容的掌握和应用,注重理论与实践的紧密结合,突出内容的实用性和应用性。

全书共分为9章以及附录部分,主要内容有:绪论、轴向拉伸与压缩、剪切、扭转、弯曲4种基本变形的内力计算、应力计算、变形计算、强度计算及刚度计算,应力状态分析及强度理论,压杆稳定性计算;附录部分主要内容是截面图形的几何性质及常见型钢表。

本书面向培养应用型人才的高等院校,可作为机械设计制造及其自动化、土木工程等专业的教材。

图书在版编目(CIP)数据

材料力学/张博,胡金萍主编. —哈尔滨:哈尔滨
工业大学出版社,2017.6(2021.1重印)
ISBN 978－7－5603－6590－9

Ⅰ.①材… Ⅱ.①张… ②胡… Ⅲ.①材料力学-高等
学校-教材 Ⅳ.①TB301

中国版本图书馆 CIP 数据核字(2017)第 088373 号

策划编辑 杜 燕
责任编辑 张 瑞
出版发行 哈尔滨工业大学出版社
社 址 哈尔滨市南岗区复华四道街 10 号 邮编 150006
传 真 0451－86414749
网 址 http://hitpress.hit.edu.cn
印 刷 哈尔滨市颉升高印刷有限公司
开 本 787mm×1092mm 1/16 印张 12 字数 274 千字
版 次 2017 年 6 月第 1 版 2021 年 1 月第 2 次印刷
书 号 ISBN 978－7－5603－6590－9
定 价 28.00 元

序

哈尔滨工业大学出版社策划的《"十三五"应用型本科院校系列教材》即将付梓，诚可贺也。

该系列教材卷帙浩繁，凡百余种，涉及众多学科门类，定位准确，内容新颖，体系完整，实用性强，突出实践能力培养。不仅便于教师教学和学生学习，而且满足就业市场对应用型人才的迫切需求。

应用型本科院校的人才培养目标是面对现代社会生产、建设、管理、服务等一线岗位，培养能直接从事实际工作、解决具体问题、维持工作有效运行的高等应用型人才。应用型本科与研究型本科和高职高专院校在人才培养上有着明显的区别，其培养的人才特征是：①就业导向与社会需求高度吻合；②扎实的理论基础和过硬的实践能力紧密结合；③具备良好的人文素质和科学技术素质；④富于面对职业应用的创新精神。因此，应用型本科院校只有着力培养"进入角色快、业务水平高、动手能力强、综合素质好"的人才，才能在激烈的就业市场竞争中站稳脚跟。

目前国内应用型本科院校所采用的教材往往只是对理论性较强的本科院校教材的简单删减，针对性、应用性不够突出，因材施教的目的难以达到。因此亟须既有一定的理论深度又注重实践能力培养的系列教材，以满足应用型本科院校教学目标、培养方向和办学特色的需要。

哈尔滨工业大学出版社出版的《"十三五"应用型本科院校系列教材》，在选题设计思路上认真贯彻教育部关于培养适应地方、区域经济和社会发展需要的"本科应用型高级专门人才"精神，根据前黑龙江省委书记吉炳轩同志提出的关于加强应用型本科院校建设的意见，在应用型本科试点院校成功经验总结的基础上，特邀请黑龙江省9所知名的应用型本科院校的专家、学者联合编写。

本系列教材突出与办学定位、教学目标的一致性和适应性，既严格遵照学科体系的知识构成和教材编写的一般规律，又针对应用型本科人才培养目标及与之相适应的教学特点,精心设计写作体例,科学安排知识内容,围绕应用讲授理论,做到"基础知识够用、实践技能实用、专业理论管用"。同时注意适当融入新理论、新技术、新工艺、新成果,并且制作了与本书配套的PPT多媒体教学课件,形成立体化教材,供教师参考使用。

《"十三五"应用型本科院校系列教材》的编辑出版,是适应"科教兴国"战略对复合型、应用型人才的需求,是推动相对滞后的应用型本科院校教材建设的一种有益尝试,在应用型创新人才培养方面是一件具有开创意义的工作,为应用型人才的培养提供了及时、可靠、坚实的保证。

希望本系列教材在使用过程中,通过编者、作者和读者的共同努力,厚积薄发、推陈出新、细上加细、精益求精,不断丰富、不断完善、不断创新,力争成为同类教材中的精品。

前　　言

本书面向培养应用型人才的高等院校,可作为机械设计制造及其自动化、土木工程等专业的教材。全书共分为9章以及附录部分,主要内容有:绪论、轴向拉伸与压缩、剪切、扭转、弯曲4种基本变形的内力计算、应力计算、变形计算、强度计算及刚度计算,应力状态分析及强度理论,压杆稳定性计算;附录部分主要内容是截面图形的几何性质及常见型钢表。

本书在编写中,综合考虑应用型人才的培养目标、材料力学学时普遍减少等因素,在满足工科专业少学时材料力学课程基本要求的前提下,以少而精的理念进行取材和编排章节内容,着重基本内容的掌握和应用,注重理论与实践的紧密结合,突出内容的实用性和应用性。

本书由张博、胡金萍任主编,贾福利、田素玲、吴琼任副主编。具体编写分工如下:黑龙江东方学院建筑工程学部胡金萍编写第1章,黑龙江东方学院机电工程学部贾福利编写第2、3章,黑龙江东方学院机电工程学部田素玲编写第4、5章,黑龙江东方学院机电工程学部吴琼编写第6章,黑龙江东方学院机电工程学部张博编写第7、8、9章。

本书初稿邀请到哈尔滨工业大学王春香教授的详细审阅,并提出了宝贵的修改意见,编者表示衷心而诚挚的谢意。

由于编者水平所限,书中难免有疏漏和不足之处,敬请读者批评指正。

编　者
2017 年 1 月

主要符号表

F	力	ω	挠度
$\boldsymbol{F}$	力的大小	θ	转角
P	重力	σ_e	弹性极限
$\boldsymbol{F}_\mathrm{R}$	合力	σ_p	比例极限
$\boldsymbol{F}_\mathrm{N}$	轴力	σ_s	屈服极限
q	载荷集度	σ_b	强度极限
$M_\mathrm{O}(\boldsymbol{F})$	力 $\boldsymbol{F}$ 对 O 点之矩	$[\sigma]$、$[\tau]$	许用应力
$M_\mathrm{z}(\boldsymbol{F})$	力 $\boldsymbol{F}$ 对 z 轴之矩	n	安全系数
M	力偶矩、弯矩	δ	延伸率
$\boldsymbol{F}_\mathrm{Q}$	剪力	ψ	断面收缩率
T	扭矩	I_P	极惯性矩
σ	正应力	I	惯性矩
τ	切应力	W_t	抗扭截面模量
ε	线应变	W_z	抗弯截面模量
γ	切应变	i	惯性半径
φ	扭转角	λ	柔度
σ_cr	临界应力	F_cr	临界压力

目　　录

第 1 章

绪 论

1.1 材料力学的任务

　　各种工程结构都是由零件、部件等组成的。例如,机床由主轴、齿轮、传动轴等零、部件组成;房屋由梁、柱、板等组成。工程实际中的零、部件形状是各式各样的,将其形状适当简化后作为材料力学的研究对象时,统称为构件。按其几何形状可将构件划分为杆、板、壳、块体四类,如图 1.1 所示。

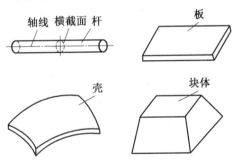

图 1.1

　　材料力学主要研究杆件,杆的几何特征是轴线方向的尺寸远大于横截面的尺寸,轴线为直线的杆为直杆,轴线为曲线的杆为曲杆。材料力学主要以直杆为研究对象。当外力不超过某一限度时,撤去外力后,变形将随之消失,这种变形为弹性变形;当外力超过某一限度时,外力撤去后还有一部分不能消失的变形,这种变形为塑性变形。

　　为保证构件在外力作用下能正常工作,应当满足以下要求:

1. 强度要求

　　所谓强度,指的是构件抵抗破坏(断裂或产生明显塑性变形)的能力。

2. 刚度要求

　　所谓刚度,指的是构件抵抗变形(弹性变形)的能力。

3. 稳定性要求

　　所谓稳定性,指的是构件保持原有平衡形式的能力。

构件的强度、刚度和稳定性,都与构件材料的力学性能(材料在外力作用下表现出的变形和破坏方面的特性)有关。材料的力学性能可以通过试验来测定。此外,材料力学中某些在假设条件下得到的理论分析方法是否可靠,也应由试验验证其正确性。因此,理论研究与试验分析是材料力学解决问题的方法。

在工程实践中,要求所设计的构件既有足够的强度、刚度和稳定性,还应从经济方面考虑尽可能选用适合的材料、合理的截面形状和尺寸。为此材料力学的基本任务就是,研究构件在外力作用下变形和破坏的规律,以便在保证构件强度、刚度和稳定性的条件下,为构件选用适合的材料、确定合理的截面形状和尺寸提供理论基础和计算方法。

1.2　变形固体的基本假设

固体因外力作用而变形,故称为变形固体。固体材料的微观结构是复杂的,而材料力学研究的是宏观范畴,因此在研究构件的强度、刚度和稳定性时,根据变性固体的主要性质做出某些假设,使分析更加简单。

1. 连续性假设

认为构件的整个体积都毫无空隙地充满物质。实际上,从物质结构来说,工程材料的内部都有不同程度的空隙,但这些空隙与构件的尺寸相比极其微小,可以忽略不计。由于这种连续性假设,构件因外力而产生的内力和变形都是连续的,就可以利用数学方法进行分析。

2. 均匀性假设

认为从构件内任取一部分,不论体积大小,其力学性质完全相同。实际上,工程材料的力学性质并不完全相同。例如,工程中常用的金属材料,多由两种或两种以上元素的晶粒组成,不同元素晶粒的力学性质并不完全相同,但晶粒尺寸远远小于构件的尺寸,并且晶粒的数目极多,而且是无规则地排列着,故其力学性质是所有晶粒力学性质的统计平均值,故可以认为构件内各部分的力学性质是均匀的。

3. 各向同性假设

认为构件在各个方向上均具有完全相同的力学性质,这种材料为各向同性材料。例如,金属材料,由于构件中所含晶粒数目极多,而且无序排列,这样各个方向上力学性质的统计平均值近似相同。还有一些材料不同方向上力学性能不同,这种材料为各向异性材料,如竹材、木材等。本书的研究范围主要是各向同性材料。

实践表明,在上述假设基础上,建立起来的理论,是能符合工程实际要求的。

变形固体在外力作用下产生变形,当变形远小于构件的尺寸时,这类问题为小变形问题。在研究这类小变形问题的平衡和运动时,可不计构件变形的影响,仍按变形前构件的原始尺寸进行分析计算。

1.3　内力　截面法

1.3.1　内力的概念

对于材料力学中的研究对象而言,其他构件作用在该构件上的力均为外力。构件内部各相邻质点之间在受外力之前有相互作用的内力,受外力作用后,构件发生变形,同时在其内部也因各部分之间相对位置的改变引起内力的改变。内力的改变量是由外力引起的附加内力。这种附加内力将随外力的增加而增大,当其达到某一限度时,就会引起构件的破坏,它与构件的强度、刚度和稳定性密切相关。材料力学中所研究的内力,是指这种附加内力。在研究构件的强度、刚度等问题时,均与这个附加内力有关,故需要知道构件在已知外力作用下某一截面上的内力值,通常采用截面法来确定这个内力值。

1.3.2　截面法

根据连续性假设,内力是分布于截面上的一个分布力系,其向截面上某一点简化后得到的合力和合力偶即为截面上的内力。为了求构件在外力作用下横截面 $m-m$ 上的内力,首先假想用 $m-m$ 横截面把杆件分成Ⅰ和Ⅱ两部分,如图1.2所示。任取其中一部分,例如取Ⅰ部分为研究对象。根据这一部分的平衡可知,Ⅱ必然有力作用于Ⅰ的 $m-m$ 截面以与外力 F_1、F_2、F_5 相平衡,根据平衡方程就可以确定 $m-m$ 截面上的内力。又根据作用与反作用定律可知,Ⅰ对Ⅱ作用的内力,必然大小相等、方向相反且沿同一作用线方向。这种求横截面上内力的方法称为截面法,可将截面法归纳为以下三个步骤:

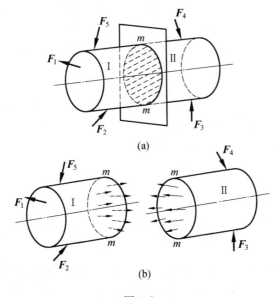

(a)

(b)

图 1.2

(1)沿指定截面假想地把构件分成两部分;
(2)弃去其中一部分,保留另一部分作为研究对象;

（3）用作用在截面上的内力，代替弃去部分对保留部分的作用；

（4）建立保留部分的平衡条件，确定未知内力。

用四个字可总结为"截、取、代、平"。

截面法是求截面上内力的一般方法。对受空间平衡力系作用的杆件，要求 $m\text{-}m$ 截面上的内力，则沿该截面假想地将杆件分成 Ⅰ、Ⅱ 两部分，假设保留部分 Ⅰ 为研究对象。可用 6 个内力分量 F_N、F_{Qy}、F_{Qz}、T_x、M_y、M_z 代替 Ⅱ 对 Ⅰ 的作用。其中 F_N 为轴力，F_{Qy}、F_{Qz} 为与截面相切的剪力，T_x 为绕 x 轴的力偶矩，M_y、M_z 为绕 y 轴、z 轴的力偶矩。在已知外力作用下，这 6 个内力分量，可由保留部分空间力系的 6 个平衡方程来确定。

1.4 应力 应变 胡克定律

1.4.1 应力

上节用截面法确定的内力是截面上分布内力的合力，其并不能说明截面上任一点处内力的强弱程度，为此引入应力的概念。

如图 1.3 所示，围绕受力构件的截面上任一点 C 取一微小面积 ΔA，$\Delta \boldsymbol{F}$ 为 ΔA 上分布内力的合力。令 $\Delta \boldsymbol{F}$ 与 ΔA 的比值为

$$\boldsymbol{p}_m = \frac{\Delta \boldsymbol{F}}{\Delta A}$$

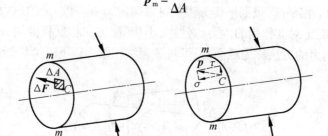

图 1.3

式中 $\boldsymbol{p}_m$ 是矢量，方向与 $\Delta \boldsymbol{F}$ 相同，为 ΔA 上内力的平均集度，称为平均应力。当 ΔA 趋于零时，$\boldsymbol{p}_m$ 的极限值为

$$\boldsymbol{p} = \lim_{\Delta A \to 0} \boldsymbol{p}_m = \lim_{\Delta A \to 0} \frac{\Delta \boldsymbol{F}}{\Delta A} \tag{1.1}$$

式中 $\boldsymbol{p}$——C 点的全应力，$\boldsymbol{p}$ 是矢量，一般将 $\boldsymbol{p}$ 分解为两个分量的形式，另一个是与截面垂直的应力分量 σ，称为正应力；另一个是与截面相切的应力分量 τ，称为切应力。

在国际制单位中，应力的基本单位是 Pa，工程中常用单位为 MPa、GPa，关系如下：

$$1\ \text{Pa} = 1\ \text{N/m}^2 ; \quad 1\ \text{MPa} = 10^6\ \text{Pa} ; \quad 1\ \text{GPa} = 10^9\ \text{Pa}$$

1.4.2 应变

为了研究构件的刚度问题,及其截面上内力的分布规律,一般需要截面上各点的变形分布规律。为了研究一点处的变形情况,如图1.4所示取一点 M,围绕 M 点取一微小正六面体。在外力作用下点 M 发生位移,微小六面体的棱边 MN 由原长 Δx 变为($\Delta x+\Delta s$), Δs 为长度 MN 的变化量。令

$$\varepsilon_{m}=\frac{\Delta s}{\Delta x} \tag{1.2}$$

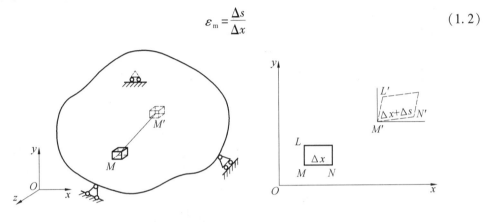

图1.4

式中 ε_{m} ——MN 每单位长度的平均线应变,其与所取的长短 Δx 有关,为了消除尺寸的影响,使微小正六面体的边长无限缩小,设

$$\varepsilon_{x}=\lim_{\Delta x\to 0}\frac{\Delta s}{\Delta x}=\frac{ds}{dx} \tag{1.3}$$

式中 ε_{x} ——M 点沿 x 方向的线应变或者正应变,其为无量纲的量。

上述微小正六面体在变形过程中,单元体除棱边长度变化外,棱边的夹角变形前为直角,变形后该直角减小 γ,直角的改变量 γ 称为切应变。切应变用弧度来度量。

一般情况下,构件内不同点沿不同方向的线应变及切应变是不同的,它们都是位置的函数。有了正应变与切应变,即可度量构件中任一微小的局部变形。应力与应变是相对应的,正应力引起正应变,切应力引起切应变,下面我们讨论两者之间的关系。

1.4.3 胡克定律

材料的力学性能试验表明,当应力不超过某一极限值时,应力与应变之间存在正比关系,这一关系即为胡克定律。

单向应力状态下的胡克定律为

$$\sigma_{x}=E\varepsilon_{x} \tag{1.4}$$

纯剪切应力状态下的胡克定律为

$$\tau_{xy}=G\gamma_{xy} \tag{1.5}$$

式中 E ——弹性模量;

G ——剪切弹性模量。

二者量纲与应力的量纲相同,二者数值由试验测定。

1.5 杆件变形的基本形式

杆件的受力形式千变万化,其变形形式也各不相同,但都可归纳为以下4种基本形式。

1. 轴向拉伸与压缩

当杆件承受作用线沿轴线方向的载荷时,将产生轴向伸长或者缩短的变形。如图1.5所示一起吊装置,在载荷 *F* 作用下,*AC* 杆和 *BC* 杆在不计自重的情况下均发生轴向拉伸与压缩变形,又如活塞杆、桁架中的杆件等。

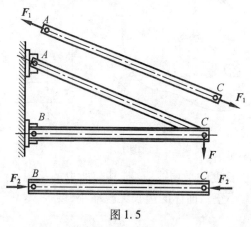

图 1.5

2. 剪切

当杆件承受大小相等、方向相反、互相平行、相距很近的两个横向力作用时,将沿外力作用方向发生相对错动,即为剪切变形。如图1.6所示的铆钉连接件,又如机械中常用的连接件轴销、螺栓、键等。

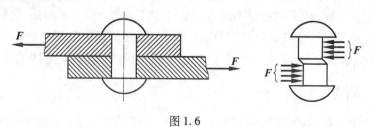

图 1.6

3. 扭转

当作用在杆件上的载荷是作用面垂直于轴线方向的力偶时,其任意两个横截面将发生绕轴线的相对转动,这就是扭转变形。如图 1.7 所示的汽车转向轴,又如螺丝刀杆、电动机的主轴等。

4. 弯曲

当杆件上的载荷是垂直于轴线方向的横向力,或是力偶矩矢垂直于轴线方向的力偶时,杆件的轴向将由直线变形为曲线,这就是弯曲变形。如图 1.8 所示的火车轮轴,还有起重机大梁等。

　　实际工程中的杆件可能为上述基本变形之一,也可能是上述几种基本变形的组合变形。

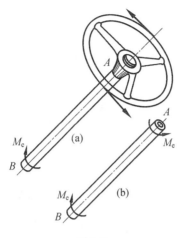

图1.7

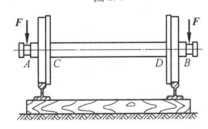

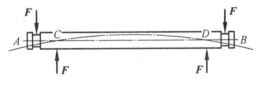

图1.8

第 **2** 章

轴向拉伸与压缩

2.1　轴向拉伸与压缩时的内力

在工程实际中,有很多构件是会产生轴向拉伸或压缩变形的。例如,桁架中的杆件、起重机的钢索、汽缸的螺栓以及千斤顶的螺杆等,都是受拉伸或压缩作用的。

这些受拉或受压的杆件虽外形各有差异,加载方式也不相同,但它们具有共同的特点,即作用于杆件上的外力合力的作用线与杆件轴线重合,杆件变形是沿轴线方向伸长或缩短,横向减小或增大。此时,杆件变形为轴向拉伸与压缩变形。

2.1.1　轴力的概念

根据材料的连续性假设,内力在构件内连续分布,为研究其分布规律,首先要研究构件横截面上分布内力的合力。为显示内力并确定其大小和方向,通常采用截面法。将杆件沿截面 $m\text{-}m$ 假想地切开,分为左、右两部分,如图 2.1(a)所示。取左部分为研究对象,如图 2.1(b)所示,在截面 $m\text{-}m$ 上内分布力的合力为 F_N,根据平衡方程 $\sum F_x$,得 $F_N = F$。

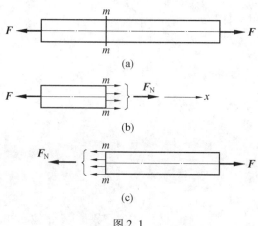

图 2.1

因为外力 F 的作用线与杆件轴线重合,内力的合力 F_N 的作用线也必然与杆件的轴线重合,所以 F_N 称为轴力,单位为牛(N)或千牛(kN)。为区别拉伸和压缩,并使同一截面左右部分的内力符号一致,习惯上,把拉伸时的轴力规定为正,压缩时的轴力规定为负。

2.1.2 轴力图

当杆件上受到多个轴向载荷作用时,杆中的轴力将随截面的位置而变化。为了清晰而直观地表达轴力沿杆件轴线变化的情况,工程中常画出轴力随截面位置变化的图形,这样的图形就称之为轴力图。轴力图是选取一直角坐标系来表示轴力沿杆轴线方向的变化情况,其横坐标表示杆件各个横截面的位置,纵坐标表示相应截面上所受轴力的大小,而纵坐标的正负表示杆件在外力作用下的变形情况。这样,轴力图不但可以显示出杆件各段内轴力的大小,而且还可表示出各段内的变形是拉伸或是压缩。

绘制轴力图的方法与步骤:

(1)建立 F_N-x 直角坐标系。取 x 轴与杆的轴线平行,坐标原点 O 与杆的左端对正,此时 x 轴上的一点即对应杆的一个截面。

(2)分段。将外力不连续点,即杆件的集中力作用处、分布力的起始点和终止点作为轴力图的分段点。

(3)定点。应用截面法,在分段点对应的杆件控制面处截开,在分离体上按拉力方向画出轴力,对其建立平衡方程,计算得出轴力。

(4)连线。选好相应的比例尺,将上一步中求出的轴力按照正的轴力画在 x 轴上方,负的轴力画在 x 轴下方的原则画在 F_N-x 直角坐标系中,再将各点相连即得轴力图。轴力图上须标明轴力的大小和正负。

【例 2.1】 试求图 2.2(a)所示直杆的轴力图。已知 AB 段受到均布载荷作用,载荷集度 $q=2$ kN/m,C 截面和 D 截面各作用一集中载荷,其大小分别为 $F_1=6$ kN,$F_2=2$ kN。

解 以 A 端为坐标原点,x 轴指向右侧。AB 段受均布载荷作用,B 点应作为分段点;C 截面和 D 截面各作用一集中载荷,C 点和 D 点也应作为分段点。

(1)求 AB 段的轴力函数。AB 段受均布载荷作用,该段各截面的轴力均不同,因此要找出该段轴力的函数,才能画出该段的轴力图。在 AB 段任意截面 x 处切开,取左部分为分离体,如图 2.2(b)所示,由平衡方程

$$\sum F_x = 0, \quad -qx + F_{N1}(x) = 0$$

得
$$F_{N1}(x) = qx = 2x \text{ kN} \quad (0 \leq x \leq 2 \text{ m})$$

(2)求 BC 段轴力。BC 段内无载荷作用,各截面轴力相同。将 BC 段中任一截面切开,取右部分为分离体,如图 2.2(c)所示,由平衡方程

$$\sum F_x = 0, \quad -F_{N2} + F_1 - F_2 = 0$$

得
$$F_{N2} = F_1 - F_2 = 6 \text{ kN} - 2 \text{ kN} = 4 \text{ kN}$$

(3)求 CD 段轴力。CD 段与 BC 段同理。将 CD 段中任一截面切开,取右部分为隔离体,如图 2.2(d)所示,由平衡方程

$$\sum F_x = 0, \quad -F_{N3} - F_2 = 0$$

得 $$F_{N3} = -F_2 = -2 \text{ kN}$$

（4）绘轴力图。根据各段轴力的计算结果，可得出 *AB* 段的轴力图为斜直线，*BC*、*CD* 段的轴力图为水平线。轴力图如图 2.2(e)所示。

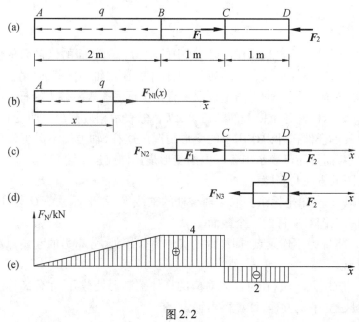

图 2.2

2.2 轴向拉压杆中的应力

2.2.1 轴向拉压时横截面上的应力

仅根据轴力并不能判断杆件是否会被拉断或压坏，也就是说还不能断定杆件的强度是否满足要求。例如，同一种材料制成的粗细不同的两根直杆，在相同的轴向拉力作用下，两杆的轴力自然是相同的。但当拉力逐渐加大时，细杆必定先被拉断。这说明杆件的强度不仅与轴力有关，而且与横截面面积有关。因此，须用横截面上的应力来度量杆件的强度。

图 2.3(a)所示为一等截面直杆，在杆两端施加一对大小相等、方向相反的轴向力 *F*，现讨论其横截面上的应力。在该杆的横截面上，与轴力 F_N 对应的应力是正应力，用 σ 表示。该杆受力变形前，在其侧面画两条垂直于杆轴的直线 *ab* 与 *cd*。拉伸变形后，发现 *ab* 与 *cd* 仍为直线，且仍垂直于杆件轴线，只是分别平行移至 *a'b'* 和 *c'd'*。根据这一现象，可以假设：变形前原为平面的横截面，变形后仍保持为平面且仍垂直于轴线，这个假设称为平面假设。由此可以推断，组成拉压杆的所有纵向纤维的伸长是相同的。又由于材料是均匀的，所有纵向纤维的力学性能相同，可以推断各纵向纤维的受力是一样的。所以，拉压杆横截面上的内力是均匀分布的，即横截面上各点的正应力 σ 是相等的。

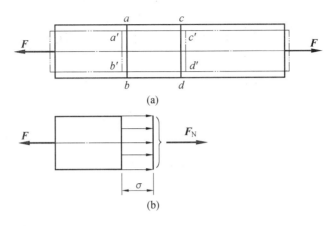

图 2.3

若图 2.3(b)所示杆件的横截面面积为 A,则

$$\sigma = \frac{F_N}{A} \tag{2.1}$$

式中　σ——横截面上的正应力,其符号规定与轴力一致,拉应力为正,压应力为负,量纲为 MPa;

　　　F_N——横截面上的轴力,量纲为 N 或 kN;

　　　A——横截面的面积,量纲为 mm^2 或 m^2。

2.2.2　轴向拉压时斜截面上的应力

轴向拉压杆在外力作用下不仅其横截面上有应力,在其不同方位的斜截面上也有应力存在。前面研究了拉压杆横截面上的应力,为了更全面地了解杆内的应力情况,还需研究斜截面上的应力。

图 2.4(a)所示拉压杆的任一斜截面 $m-m$,设该截面与横截面的夹角为 α,并规定 α 逆时针为正,顺时针为负。由几何关系可知,斜截面外法线的正方向与杆轴线的夹角也是

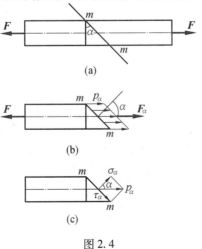

图 2.4

α,且转向相同。由截面法可求出斜截面上的轴力,其大小和方向与横截面的轴力相同。仿照证明横截面上正应力均匀分布的方法,可知斜截面上的应力也是均匀分布的,如图2.4(b)所示。

设斜截面 m-m 上一点的全应力为 p_α,横截面的面积为 A,左部分的平衡方程为

$$p_\alpha \frac{A}{\cos \alpha} - F = 0$$

由此得斜截面 m-m 上各点处的应力为

$$p_\alpha = \frac{F}{A} \cos \alpha = \sigma \cos \alpha$$

式中 σ——杆件横截面上的正应力,$\sigma = F/A$。

将应力 p_α 沿斜截面法向和切向分解,如图2.4(c)所示,得斜截面上的正应力 σ_α 和切应力 τ_α 为

$$\sigma_\alpha = p_\alpha \cos \alpha = \sigma \cos^2 \alpha \qquad (2.2)$$

$$\tau_\alpha = p_\alpha \sin \alpha = \sigma \cos \alpha \sin \alpha = \frac{\sigma}{2} \sin 2\alpha \qquad (2.3)$$

可见,轴向拉压杆斜截面上不仅存在正应力,而且存在切应力。当横截面上的正应力确定后,σ_α 和 τ_α 仅是 α 的函数,随斜截面的方位而变化。

在平面问题中,切应力的正负号规定:τ_α 绕靠近切面的点顺时针转动为正,反之为负。图2.4(c)中所示切应力的方向即为正方向。

当 $\alpha = 0°$ 时,σ_α 达到最大,而 τ_α 为 0。这表明轴向拉压杆件绝对值最大的正应力发生在横截面上,其值为

$$\sigma_{\max} = \sigma \qquad (2.4)$$

当 $\alpha = \pm 45°$ 时,$\sigma_\alpha = \frac{\sigma}{2}$,而 τ_α 的绝对值达到了最大值,其值为

$$|\tau|_{\max} = \frac{\sigma}{2} \qquad (2.5)$$

这表明轴向拉压杆绝对值最大的切应力发生在 $\pm 45°$ 的斜截面上,其大小为横截面上正应力的一半。

当 $\alpha = 90°$ 时,$\sigma_\alpha = \tau_\alpha = 0$。这表明轴向拉压杆件中与杆轴平行的截面上,没有任何应力作用。

2.3   轴向拉伸与压缩时的变形

杆件在轴向拉力或压力的作用下,在产生轴向变形的同时,横向尺寸也会发生改变。前者称为轴向变形,后者称为横向变形。图2.5(a)、(b)中的虚线分别表示出了杆件轴向拉伸和压缩后的变形形态。

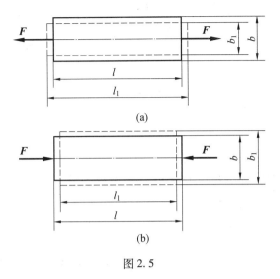

图 2.5

2.3.1 纵向变形 胡克定律

设直杆的原长度为 l，在轴向力作用下变形后长度为 l_1，如图 2.5 所示，则杆的绝对伸长量为

$$\Delta l = l_1 - l$$

通常规定，Δl 伸长为正，缩短为负。将 Δl 除以 l 得杆件轴线方向的相对伸长量，即

$$\varepsilon = \frac{\Delta l}{l} \tag{2.6}$$

式中　ε——纵向线应变，是一个无量纲量，其正负规定与 Δl 相同。

英国科学家胡克通过大量的试验发现，在线弹性范围内，Δl 与其所受外力 F、杆的原长 l 成正比，与杆的横截面面积 A 成反比，比例系数 E 与材料的力学性质有关，则

$$\Delta l = \frac{Fl}{EA} \tag{2.7}$$

式中　E——材料的弹性模量，其值随材料而异，由试验测定，其单位为 Pa，工程上常用 GPa；

　　　EA——杆件的抗拉刚度，其表示杆件抵抗轴向变形的能力。

该式称为胡克定律。

由于 $F = F_N$，式(2.7)可改写成

$$\Delta l = \frac{F_N l}{EA} \tag{2.8}$$

该式的应用条件是：杆件是等截面直杆，轴力为常数，材料单一。若轴力为分段常数或截面为分段常数，则第 i 段杆的伸长量为

$$\Delta l_i = \frac{F_{Ni} l_i}{EA_i} \tag{2.9}$$

整个杆的总伸长量为

$$\Delta l = \sum_{i=1}^{n} \frac{F_{Ni}l_i}{EA_i} \tag{2.10}$$

将式(2.8)改写成

$$\frac{\Delta l}{l} = \frac{1}{E} \times \frac{F_N}{A}$$

根据式(2.1)和式(2.6)可得胡克定律的另一表达形式

$$\varepsilon = \frac{\sigma}{E} \tag{2.11}$$

该式不仅适用于拉(压)杆,而且还可以更普遍地用于所有的单轴应力状态,故通常又称其为单轴应力状态下的胡克定律。

2.3.2 横向变形 泊松比

在拉伸或压缩时,杆件不仅有纵向变形,还有横向变形。如图 2.5 所示,变形前、后的横向尺寸分别为 b 和 b_1,则其横向变形为

$$\Delta b = b - b_1$$

横向线应变为

$$\varepsilon' = \frac{\Delta b}{b} = \frac{b - b_1}{b} \tag{2.12}$$

试验证明,在弹性范围内,杆的横向线应变 ε' 与纵向线应变 ε 的绝对值之比是一个常数,即

$$\left| \frac{\varepsilon'}{\varepsilon} \right| = \mu \tag{2.13}$$

式中 μ——泊松比,是一个无量纲量,也是由材料性质决定的,其是表征材料横向弹性变形能力的一个弹性常数,其值可由试验测定。

考虑到纵向线应变与横向线应变的正负号恒相反,故有

$$\varepsilon' = -\mu\varepsilon \tag{2.14}$$

表 2.1 列出了一些常用材料的弹性常数。

表 2.1 常用材料的弹性常数

材料	钢	铝合金	铜	铸铁	木材
E/GPa	200 ~ 220	70 ~ 72	100 ~ 120	80 ~ 160	8 ~ 12
μ	0.25 ~ 0.30	0.26 ~ 0.34	0.33 ~ 0.35	—0.23 ~ 0.27	—

【例 2.2】 某阶梯杆的受力如图 2.6 所示,已知各段的横截面面积为 $A_{AB} = 400 \ \text{mm}^2$, $A_{BC} = 200 \ \text{mm}^2$,材料的弹性模量 $E = 200 \ \text{GPa}$。求此杆的总伸长 Δl。

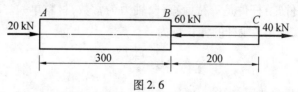

图 2.6

解 (1)计算轴力。利用截面法计算 AB 段和 BC 段的轴力。

$$F_{NAB} = -20 \text{ kN}, \quad F_{NBC} = 40 \text{ kN}$$

(2)计算各段变形。

$$\Delta l_{AB} = \frac{F_{NAB} l_{AB}}{EA_{AB}} = \frac{-20 \times 10^3 \text{ N} \times 300 \times 10^{-3} \text{ m}}{200 \times 10^9 \text{ Pa} \times 400 \times 10^{-6} \text{ m}^2} = -0.75 \times 10^4 \text{ m}$$

$$\Delta l_{BC} = \frac{F_{NBC} l_{BC}}{EA_{BC}} = \frac{40 \times 10^3 \text{ N} \times 300 \times 10^{-3} \text{ m}}{200 \times 10^9 \text{ Pa} \times 200 \times 10^{-6} \text{ m}^2} = 2.0 \times 10^4 \text{ m}$$

(3)计算杆的总伸长量。

$$\Delta l = \Delta l_{AB} + \Delta l_{BC} = (2.0 - 0.75) \times 10^{-4} \text{ m} = 1.25 \times 10^{-4} \text{ m} = 0.125 \text{ mm}$$

2.4 拉伸与压缩时材料的力学性能

材料的力学性能是指材料在外力作用下所表现出来的与变形和破坏有关的特性。材料的力学性能是通过试验方法测定的。低碳钢和铸铁是工程中广泛使用的两种材料,而且它们的力学性能也较典型。本节主要介绍这两种材料在常温、静载下的拉伸与压缩的力学性能。常温是指室温,静载是指加力缓慢、平稳。

2.4.1 材料拉伸时的力学性能

1.低碳钢拉伸时的力学性能

为了便于对试验结果进行比较,拉伸试验时,要把待测试的材料按国家标准(GB 228—87)制成标准试件。拉伸标准试件有圆截面和矩形截面两种,如图2.7所示,试件的中间部分为表面光滑的等截面直杆,两端尺寸稍大,除便于装卡之外,也防止试件在试验机内断裂。在试件的中间部分划出一段 l_0 作为试验段,l_0 称为标距。圆截面标准试件标距 l_0 与直径 d_0 的比例规定为 $l_0 = 5d_0$ 或 $l_0 = 10d_0$;矩形截面标准试件标距 l_0 与横截面面积 A_0 的比例规定为 $l_0 = 11.3\sqrt{A_0}$ 或 $l_0 = 5.65\sqrt{A_0}$。

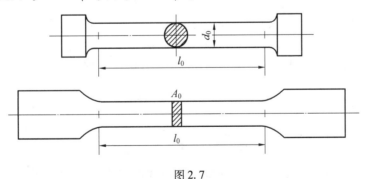

图 2.7

将试件安装在试验机上,开动机器缓慢加载,直至试件拉断为止。试验机可将试验过程中的拉力 F 和对应伸长量 Δl 绘成 F-Δl 曲线,称为拉伸曲线,如图2.8所示。显然,拉伸曲线不仅与试件的材料有关,还与试件的横截面的尺寸及标距的大小有关。因此,不宜用拉伸曲线表征材料的力学性能。将纵坐标 F 和横坐标 Δl 分别除以试件原始截面面积 A_0 和标距 l_0,得到材料拉伸时的应力–应变曲线,即 σ-ε 曲线,如图2.9所示。

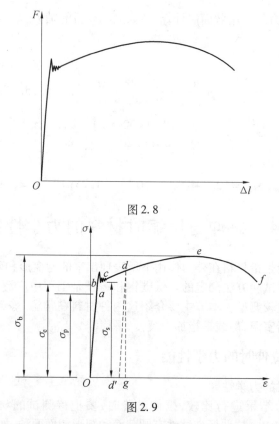

图 2.8

图 2.9

由 σ-ε 曲线可见,低碳钢在拉伸过程中大致可分为 4 个阶段。

(1)弹性阶段。

这一阶段又可分为斜直线 Oa 和微弯曲线 ab 两段。斜直线 Oa 段中应力 σ 与应变 ε 成正比,比例常数为弹性模量 E,即材料符合胡克定律。Oa 段最高点 a 所对应的应力 σ_p 称为比例极限,它是应力与应变保持线性关系的最大应力。

超过比例极限后,从 a 点到 b 点,σ 与 ε 的关系不再是直线,但变形仍然是弹性的,即解除载荷后变形能完全消失。b 点对应的应力 σ_e 称为弹性极限,它是材料只产生弹性变形的最大应力。弹性极限与比例极限虽然含义不同,但数值非常接近,所以在工程上对此二者并不严格区分。

(2)屈服阶段。

当应力超过 b 点增加到某一数值时,应变有非常明显的增加,而应力先是下降,然后做微小的波动,在 σ-ε 曲线上出现接近水平线的小锯齿形线段 bc。这种应力基本保持不变,而应变显著增加的现象,称为屈服或流动。在屈服阶段内,应力的最大值和最小值分别称为上屈服极限和下屈服极限。上屈服极限的数值与试样形状、加载速度等因素有关,一般是不稳定的。而下屈服极限则有比较稳定的数值,能够反应材料此时的性能。通常把下屈服极限称为屈服极限或屈服点,用 σ_s 来表示。

表面磨光的试样屈服时,其表面将呈现出与轴线大致成 45°的条纹线,这种条纹线是因材料沿最大切应力面滑移而形成的,通常称为滑移线。材料屈服表现为显著的不可恢复的塑性变形。一般情况下,不允许工程构件产生较大的塑性变形,所以屈服极限 σ_s 是衡量材料强度的重要指标。

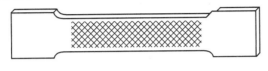

图 2.10

(3)强化阶段。

过了屈服阶段,材料又恢复了抵抗变形的能力,要使它继续变形必须增加拉力。这种现象称为材料的强化,相当于 σ-ε 曲线中的 ce 段。强化阶段的最高点 e 所对应的应力 σ_b 是材料所能承受的最大应力,称为强度极限或抗拉强度。σ_b 代表材料破坏以前可能承受的最大应力,是衡量材料强度的另一个重要指标。

在强化阶段的某点 d,若逐渐解除载荷,应力和应变的关系将沿着大致与 Oa 平行的斜直线 dd' 回到 d' 点,$d'g$ 是已消除的弹性应变,而塑性应变 Od' 则遗留下来。此时,若再加载,应力与应变的关系则大致沿斜直线 $d'd$ 变化,到达 d 后,仍沿曲线 def 变化。由此可见,在常温下把材料冷拉到强化阶段,卸载后再加载,可使材料的比例极限提高而塑性降低,这种现象称为冷作硬化。工程上常利用冷作硬化来提高钢筋、钢缆绳等构件在弹性阶段的承载能力。

(4)局部变形阶段。

当应力超过 σ_b 之后,试件在某局部范围内的横向尺寸将突然急剧收缩,形成图 2.11 所示的"颈缩",称为颈缩现象。颈缩出现以后,变形主要集中在细颈附近的局部进行,故这一阶段称为局部变形阶段,相当于 σ-ε 曲线中的 ef 段。该阶段后期,颈缩处的横截面面积急剧减小,试件所能承受的拉力迅速降低,最终降到 f 点,试件被拉断。

图 2.11

从以上对拉伸过程 4 个阶段的描述中可以看到,代表材料强度性能的主要指标是屈服极限 σ_s 和强度极限 σ_b。普通碳素钢 Q235 的屈服极限约为 $\sigma_s = 235$ MPa,强度极限约为 $\sigma_b = 375 \sim 460$ MPa。

2. 低碳钢拉伸时的塑性指标

材料的塑性变形能力用延伸率和断面收缩率两个指标衡量。试件断裂后,弹性变形消失,塑性变形保留,令 l_0 表示试件标距原长,l_1 表示试件拉断后标距长度,则将延伸率定义为

$$\delta = \frac{l_1 - l_0}{l_0} \times 100\% \tag{2.15}$$

它表示试件拉断后塑性变形的程度。低碳钢延伸率很高,约为 $20\% \sim 30\%$。工程上根据延伸率大小将材料分为两大类。$\delta > 5\%$ 的材料为塑性材料,如碳素钢、低合金钢、黄铜、铝合金等;$\delta < 5\%$ 的材料为脆性材料,如灰铸铁、玻璃、陶瓷、混凝土等。

令 A_0 表示原始横截面面积,A_1 表示拉断后颈缩处的最小截面面积,则将断面收缩率定义为

$$\psi = \frac{A_0 - A_1}{A_0} \times 100\% \tag{2.16}$$

低碳钢的 ψ 约为 $60\% \sim 80\%$。ψ 较 δ 的优点是不受标距长短的影响,但测量标准度较差。ψ 和 δ 的数值越高,说明材料的塑性越好。

3. 铸铁拉伸时的力学性能

灰铸铁(简称铸铁)在金属材料中,是一种典型的脆性材料,拉伸过程比较简单,不存在低碳钢那样的 4 个阶段,可以近似认为经弹性阶段直接过渡到断裂。铸铁拉伸时的应力-应变曲线是一段微弯曲线,没有明显的直线部分,如图 2.12 所示。工程上通常取 σ-ε 曲线的割线代替曲线,如图 2.12 虚线所示,并以割线的斜率作为弹性模量,称为割线弹性模量。σ-ε 曲线最高点所对应的应力(即材料所能承受的最大应力)称为拉伸强度极限 σ_b,它是衡量铸铁拉伸时的唯一强度指标。由于铸铁的抗拉强度较差,一般不宜选做承受拉力的构件。抗拉强度差,这是脆性材料共有的特点。

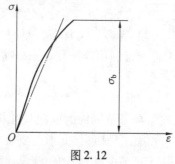

图 2.12

4. 其他金属材料拉伸时的力学性能

为了便于比较,可将几种金属材料的应力-应变曲线画在同一坐标系内,如图 2.13 所示。由图可见,有些材料(如铝合金)与低碳钢一样,有明显的 4 个阶段;有些材料(如黄铜)没有明显的屈服阶段,但其他 3 个阶段却很明显;还有些材料(如高碳钢)没有屈服阶段和局部变形阶段,只有弹性阶段和强化阶段。对于没有明显屈服阶段的塑性材料,通常人为地规定,把产生 0.2% 塑性应变时所对应的应力作为名义屈服极限,并用 $\sigma_{0.2}$ 表示,如图 2.14 所示。名义屈服极限亦称屈服强度。通常对于没有明显屈服阶段的材料,手册中列出的 σ_s 即是名义屈服强度 $\sigma_{0.2}$。

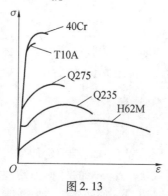

图 2.13

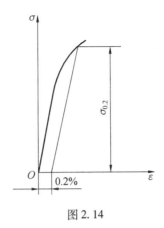

图 2.14

2.4.2　材料压缩时的力学性能

金属材料的压缩试验,一般采用圆柱形试件,圆柱形的高度为直径的 1.5 ~ 3 倍。

1. 低碳钢压缩时的力学性能

低碳钢压缩时的 σ-ε 曲线如图 2.15 所示。可以看出,压缩曲线与拉伸曲线(图中虚线)在弹性阶段和屈服阶段基本重合,即拉伸和压缩时的弹性模量 E、比例极限 σ_p 和屈服极限 σ_s 大致相同。过了屈服阶段,继续压缩时,试件的长度越来越短,而直径不断增大,由于受试验机上下压板摩擦力的影响,试件两端直径的增大受到阻碍,因而变成鼓形。压力继续增加,鼓形高度减少,直径不断增大,最后被压成薄饼,而不发生断裂,因而低碳钢压缩时测不出强度极限。由于低碳钢压缩时的主要力学性能与拉伸时大体相同,所以一般通过拉伸试验即可得到其压缩时的主要力学性能。故低碳钢的力学性能主要是用拉伸试验来确定的。

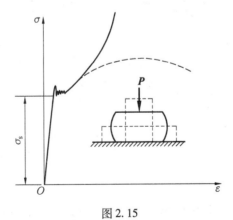

图 2.15

2. 铸铁压缩时的力学性能

铸铁压缩时的 σ-ε 曲线如图 2.16 所示。与拉伸时相比,其强度极限约为拉伸时强度极限的 2 ~ 5 倍。铸铁试件受压缩发生断裂时,断裂面与轴线大致呈 45°左右的倾角,这表明铸铁试件受压时断裂是因最大切应力所致。

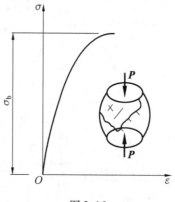

图 2.16

　　混凝土、石料等非金属脆性材料进行压缩试验时,常采用立方体形状的试件。其受压破坏的形式与试件端面所受摩擦阻力有关。例如,压缩时若在端面涂以润滑剂,试件将沿纵向开裂(图 2.17(a)),而不涂润滑剂时,压坏后将呈对接的截锥体形(图 2.17(b))。这两种情况下测得的抗压强度极限亦不相同。因此,对这类材料进行压缩试验时,除应注意采用规定的试件形状及尺寸外,还须注意端面的接触条件。测得这类材料的抗压强度远高于抗拉强度,故脆性材料宜于用来制作承受压力的构件。

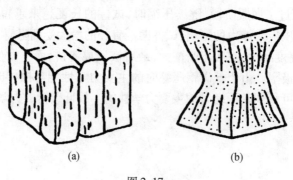

(a)   (b)

图 2.17

2.5　轴向拉伸与压缩时的强度计算

2.5.1　安全系数和许用应力

　　由拉伸和压缩试验可知,脆性材料的构件,当应力达强度极限时,会因发生断裂而破坏;塑性材料的构件,当应力达到或超过屈服极限时,将产生显著的塑性变形而失去正常的功能。这两种现象称为材料失效,屈服与断裂是材料的两种基本失效模式,其所对应的应力为极限应力或破坏应力,通常以 σ_u 表示。为了保证构件能安全地工作,还须将其工作应力限制在比极限应力 σ_u 更低的范围内。也就是将材料的极限应力 σ_u 除以一个大于 1 的系数 n,作为构件工作应力所不允许超过的数值。这个应力值称为材料的许用应力,以 $[\sigma]$ 表示,这个系数 n 称为安全系数,它们之间的关系是

$$[\sigma] = \frac{\sigma_u}{n} \tag{2.17}$$

对于塑性材料，极限应力 σ_u 取屈服极限 σ_s 或 $\sigma_{0.2}$，其许用应力为

$$[\sigma] = \frac{\sigma_s}{n_s} \quad (n_s > 1) \tag{2.18}$$

对于脆性材料，极限应力为抗拉强度 σ_b 或抗压强度 σ_c，其许用应力为

$$[\sigma] = \frac{\sigma_b}{n_b} \quad (n_b > 1) \tag{2.19}$$

式中　n_b、n_s——对应于强度极限及屈服极限的安全系数。一般情况下，静载时常取 $n_s = 1.2 \sim 2.5$，$n_b = 2 \sim 3.5$。$n_b > n_s$ 是考虑应力达 σ_b 时发生的断裂比应力达 σ_u 时出现的屈服危险性更大。

安全因数的选择不仅与材料有关，同时还必须考虑构件所处的具体工作条件及其经济性。因此，企图对一种材料规定统一的安全系数，从而得到统一的许用应力，并将它用于设计各种工作条件不同的构件，这是不科学的。目前，在机械设计和建筑结构设计中，均倾向于根据构件的材料和具体工作条件，并结合过去制造同类型构件的实践经验和现实的技术水平，规定不同的安全系数。对于各种不同构件的安全系数和许用应力，有关设计部门在规范中有具体的规定。

2.5.2　强度条件

为确保轴向拉压杆有足够的强度，常把许用应力作为杆件实际工作应力的最高限度，即要求工作应力不得超过材料的许用应力，用公式表示为

$$\sigma_{max} = \left(\frac{F_N}{A}\right)_{max} \leqslant [\sigma] \tag{2.20}$$

该式即为杆件轴向拉伸或压缩时的强度条件。

根据强度条件，可以解决工程实际中有关构件强度的三个方面的问题：

（1）强度校核。已知杆件的材料、截面尺寸和承受的载荷，可利用式（2.20）校核杆件是否满足强度条件。若满足，说明杆件的强度足够；否则说明杆件不安全。

（2）截面设计。根据杆件所承受的载荷和材料的许用应力，确定杆件的横截面面积和相应的尺寸。这时强度条件可变换为

$$A \geqslant \frac{F_N}{[\sigma]} \tag{2.21}$$

（3）确定许用载荷。根据杆件的截面尺寸和许用应力，确定杆件或整个工程结构所能承担的最大载荷。这时强度条件可变换为

$$F_N \leqslant A[\sigma] \tag{2.22}$$

然后根据轴力与外力的关系确定许用载荷。

【例 2.3】　在图 2.18（a）所示结构中，AC 杆为钢杆，截面面积 $A_1 = 200$ mm²，许用应力 $[\sigma]_1 = 160$ MPa；BC 杆为铜杆，截面面积 $A_2 = 300$ mm²，许用应力 $[\sigma]_2 = 100$ MPa；承受外载荷 $F = 40$ kN。试校核此结构是否安全。

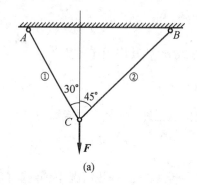
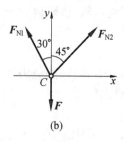

(a)　　　　　　　　　　(b)

图 2.18

解 （1）求各杆轴力。

选取节点 C 为研究对象,假设各杆均为拉力,其受力分析如图 2.18(b)所示,列平衡方程

$$\sum F_x = 0, \quad F_{N2}\sin 45° - F_{N1}\sin 30° = 0$$

$$\sum F_y = 0, \quad F_{N1}\cos 30° + F_{N2}\cos 45° - F = 0$$

解方程组得

$$F_{N1} = 29.28 \text{ kN}, \quad F_{N2} = 20.71 \text{ kN}$$

（2）校核强度。

$$\sigma_1 = \frac{F_{N1}}{A_1} = \frac{29.28 \times 10^3 \text{ N}}{200 \text{ mm}^2} = 146.4 \text{ MPa} < [\sigma]_1 = 160 \text{ MPa}$$

$$\sigma_2 = \frac{F_{N2}}{A_2} = \frac{20.71 \times 10^3 \text{ N}}{300 \text{ mm}^2} = 69.30 \text{ MPa} < [\sigma]_2 = 100 \text{ MPa}$$

满足强度条件,结构安全。

【例 2.4】 如图 2.19 所示某空心圆截面杆,内外径之比 $\alpha = 0.75$,受轴向载荷作用,$F = 20 \text{ kN}$,材料屈服点 $\sigma_s = 230 \text{ MPa}$,安全系数 $n_s = 1.8$,试确定杆件截面的内外径。

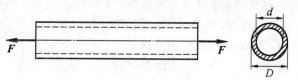

图 2.19

解 （1）求杆的轴力。

$$F_N = F = 20 \text{ kN}$$

（2）设计截面。

杆件应满足强度条件:

$$\sigma = \frac{F_N}{A} = \frac{F_N}{\dfrac{\pi(D^2 - d^2)}{4}} = \frac{4F_N}{\pi D^2(1 - \alpha^2)} \leqslant [\sigma] = \frac{\sigma_s}{n_s}$$

由上式得

$$D \geqslant \sqrt{\frac{4F_N n_s}{\pi D^2 (1-\alpha^2)\sigma_s}} = \sqrt{\frac{4 \times 20 \times 10^3 \text{ N} \times 1.8}{\pi \times (1-0.75^2) \times 230 \text{ MPa}}} = 21.34 \text{ mm}$$

取 $D = 22$ mm，即 $d = \alpha D = 0.75 \times 22$ mm $= 16.5$ mm。

内径取 16.5 mm，外径取 22 mm。

【例 2.5】　如图 2.20(a)所示三角构架，节点 A 处受竖直方向的外载荷 F，已知两杆的截面面积分别为 $A_1 = 400$ mm^2 和 $A_2 = 200$ mm^2，许用拉应力 $[\sigma_t] = 100$ MPa，许用压应力 $[\sigma_c] = 200$ MPa，确定许用外载荷 $[F]$。

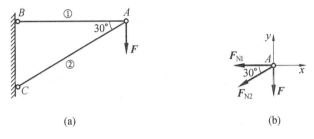

(a)　　　　　　　　　　　　　(b)

图 2.20

解　(1)求各杆轴力。

选取节点 A 为研究对象，假设各杆均为拉力，其受力分析如图 2.20(b)所示，列平衡方程

$$\sum F_x = 0, \quad -F_{N1} - F_{N2}\cos 30° = 0$$

$$\sum F_y = 0, \quad -F_{N2} - \sin 30° - F = 0$$

解得　　　　　　　$F_{N1} = \sqrt{3}F$（拉力），　　　$F_{N2} = -2F$（压力）

(2)确定许用外载荷。

杆件内力应满足强度条件：

AB 杆：
$$F \geqslant \frac{A_1[\sigma_t]}{\sqrt{3}} = \frac{400 \text{ mm}^2 \times 100 \text{ MPa}}{\sqrt{3}} = 23.09 \text{ kN}$$

AC 杆：
$$F \geqslant \frac{A_2[\sigma_c]}{2} = \frac{200 \text{ mm}^2 \times 200 \text{ MPa}}{2} = 20 \text{ kN}$$

因此，结构的许用外载荷 $[F] = 20$ kN。

2.6　应力集中的概念

等截面直杆受轴向拉伸或压缩时，横截面上的应力是均匀分布的。由于实际需要，有些零件必须有切口、切槽、油孔、螺纹、轴肩等，在这些部位上截面尺寸发生突然变化。试验结果和理论分析表明，在零件尺寸突然改变处的横截面上，应力并不是均匀分布的。如图 2.21 所示的开有圆孔受拉薄板，在圆孔附近的局部区域内，应力将剧烈增加，但在离开圆孔稍远处，应力就迅速降低而趋于均匀。这种因杆件外形突然变化，而引起局部应力急剧增大的现象，称为应力集中。

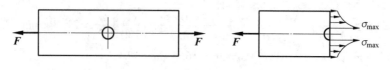

图 2.21

应力集中的程度用应力集中系数 k 表示,其定义为

$$k = \frac{\sigma_{max}}{\sigma} \qquad (2.23)$$

式中　σ_{max}——最大局部应力;

　　σ——名义应力,即在不考虑应力集中条件下求得的平均应力。

试验结果表明:截面尺寸改变得越急剧、角越尖、孔越小,应力集中的程度就越严重。因此,零件上应尽可能地避免带尖角的孔和槽,在阶梯轴的轴肩处要用圆弧过渡,而且应尽量使圆弧半径大一些。

各种材料对应力集中的敏感程度并不相同。塑性材料有屈服阶段,当局部最大应力 σ_{max} 达到屈服极限 σ_s 时,该处材料的变形可以继续增长而应力却不再加大。如果载荷继续增加,则增加的载荷就由该截面上尚未屈服的部分来承担,使截面上其他点的应力相继增大到屈服极限,如图 2.22 所示。这使截面上的应力逐渐趋于平均,降低了应力不均匀程度,也限制最大应力 σ_{max} 的数值。因此,在研究塑性材料构件的静强度问题时,可以不考虑应力集中的影响。

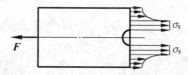

图 2.22

脆性材料没有屈服阶段,当载荷增加时,应力集中处的最大应力 σ_{max} 一直领先,首先达到强度极限 σ_b,该处将首先产生裂纹。所以对于脆性材料制成的零件,应力集中的危害性显得严重。这样,即使在静载下,也应考虑应力集中对零件承载能力的削弱。而至于灰铸铁,其内部的不均匀性和缺陷往往是产生应力集中的主要因素,而零件外形改变所引起的应力集中就可能成为次要因素,对零件的承载能力不会造成明显的影响。

当零件受周期性变化的应力或冲击载荷作用时,不论是塑性材料还是脆性材料,应力集中对零件的强度都有严重影响,往往是零件破坏的根源。

应力集中系数 k 的值主要通过试验的方法来测定,有的可由理论分析求得,在工程设计手册等资料中有图表可查。

习　题

2.1　试求图示各杆 1–1、2–2、3–3 截面上的轴力,并作轴力图。

2.2　如图所示阶梯形圆截面杆,承受轴向载荷 $F_1 = 50$ kN 与 $F_2 = 62.5$ kN 作用, AB 与 BC 段的直径分别为 $d_1 = 20$ mm 和 $d_2 = 30$ mm,试求 AB 与 BC 段横截面上的正应力。

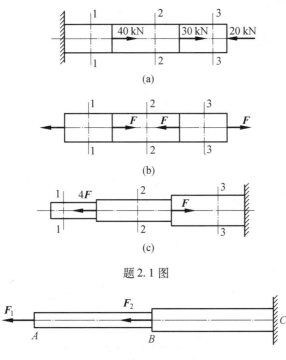

题 2.1 图

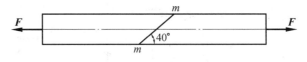

题 2.2 图

2.3　图示轴向受拉等截面杆,横截面面积 $A = 550\ \text{mm}^2$,载荷 $F = 60\ \text{kN}$。试求图示斜截面 m-m 上的正应力与切应力,以及杆内的最大正应力与最大切应力。

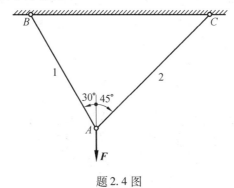

题 2.3 图

2.4　图示桁架,由圆截面杆 1 与杆 2 组成,并在节点 A 承受载荷 $F = 80\ \text{kN}$ 作用。两杆的直径分别为 $d_1 = 30\ \text{mm}$ 和 $d_2 = 20\ \text{mm}$,两杆的材料相同,屈服极限 $\sigma_{\text{s}} = 320\ \text{MPa}$,安全系数 $n_{\text{s}} = 2.0$。试校核桁架的强度。

题 2.4 图

2.5 图示硬铝试样,厚度 $\delta = 2$ mm,试验段板宽 $b = 20$ mm,标距 $l = 70$ mm,在轴向拉力 $F = 6$ kN 作用下,试验段伸长 $\Delta l = 0.15$ mm,板宽缩小 $\Delta b = 0.014$ mm,试计算硬铝的弹性模量 E 与泊松比 μ。

题 2.5 图

2.6 等截面直杆如图所示,已知杆横截面面积 $A = 10$ cm^2,材料的弹性模量 $E = 200$ GPa。求最大正应力和杆件的总变形量。

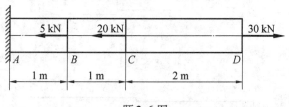

题 2.6 图

2.7 如图所示卧式铣床的油缸内径 $D = 186$ mm,活塞杆的直径 $d = 65$ mm,材料为 20Cr 并经过热处理,其许用应力 $[\sigma]_{杆} = 130$ MPa。缸体由 6 个 M20 的螺栓与缸盖相连,M20 螺栓的内径 $d_1 = 17.3$ mm,材料为 35 号钢,经热处理后 $[\sigma]_{螺} = 110$ MPa。试按活塞杆和螺栓的强度确定最大油压 p。

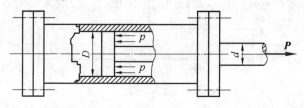

题 2.7 图

2.8 汽车离合器踏板如图所示。已知踏板受到压力 $F_1 = 400$ N 作用,拉杆 1 的直径 $D = 9$ mm,杠杆臂长 $L = 330$ mm,$l = 56$ mm,拉杆的许用应力 $[\sigma] = 50$ MPa。试校核拉杆 1 的强度。

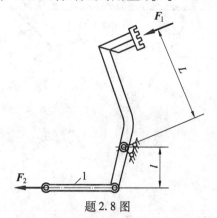

题 2.8 图

2.9　如图所示钢拉杆,受轴向力 $F = 500$ kN,若拉杆材料的许用应力 $[\sigma] = 80$ MPa,横截面为矩形,且 $b = 2a$。试确定 a、b 的尺寸。

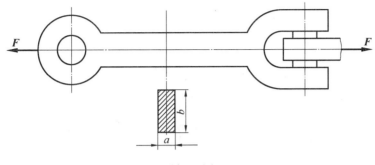

题 2.9 图

2.10　如图所示简易吊车中,AB 为钢杆,BC 为木杆。钢杆 AB 的横截面面积 $A_1 = 6$ cm^2,许用拉应力 $[\sigma]_1 = 160$ MPa;木杆 BC 的横截面面积 $A_2 = 100$ cm^2,许用应力 $[\sigma]_2 = 7$ MPa。试求许可吊重 F_P。

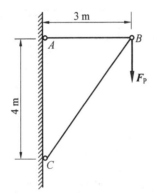

题 2.10 图

2.11　有一重 50 kN 的电动机需固定到支架 B 处,如图所示。现有两种材料的杆件可供选择:(1)铸铁杆,$[\sigma]_{拉} = 30$ MPa,$[\sigma]_{压} = 90$ MPa;(2)钢质杆 $[\sigma] = 120$ MPa。试按经济实用原则选取支架中 AB 和 BC 杆的材料,并确定其直径。(杆件自重不计)。

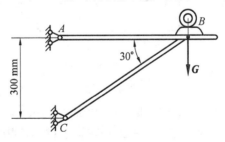

题 2.11 图

2.12　实心圆杆 AB 和 AC 在 A 点处铰接,如图所示。在 A 点处作用铅垂向下的力 $P = 35$ kN。已知 AB 和 AC 杆的直径分别为 $d_1 = 12$ mm 和 $d_2 = 15$ mm,钢的弹性模量 $E =$

210 GPa。试求 A 点铅垂方向的位移。

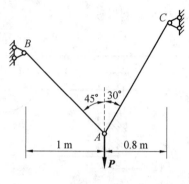

题 2.12 图

2.13 试校核图示拉杆头部的剪切强度和挤压强度。已知 $D=32$ mm，$d=20$ mm，$h=12$ mm，杆的许用切应力 $[\tau]=100$ MPa，许用挤压应力 $[\sigma]=240$ MPa，$P=50$ kN。

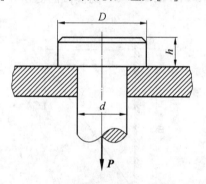

题 2.13 图

2.14 矩形截面木拉杆的接头如图所示。已知轴向拉力 $P=50$ kN，截面宽度 $b=250$ mm，木材的顺纹许用挤压应力 $[\sigma]=10$ MPa，顺纹许用剪应力 $[\tau]=1$ MPa。试求接头处所需的尺寸 l 和 a。

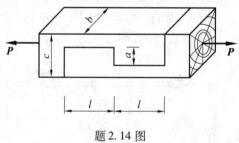

题 2.14 图

2.15 如图所示，木制短柱的四角用 4 个 40 mm×40 mm×4 mm 的等边角钢加固。已知角钢的许用应力 $[\sigma]_1=160$ MPa，$E_1=200$ GPa；木材的许用应力 $[\sigma]_2=12$ MPa，$E_2=10$ GPa。试求许可载荷 F。

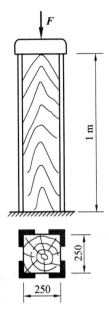

题 2.15 图

第 *3* 章

剪 切

在工程实际中,常常遇到剪切问题。如图 3.1 所示,在剪切机上剪断钢板;而工程中常通过各种连接把力从一个构件传递到另一个构件,例如图 3.2 所示的轴销连接、图 3.3 所示的螺栓连接、图 3.4 所示的键连接、焊接连接、榫连接等都主要发生剪切变形。

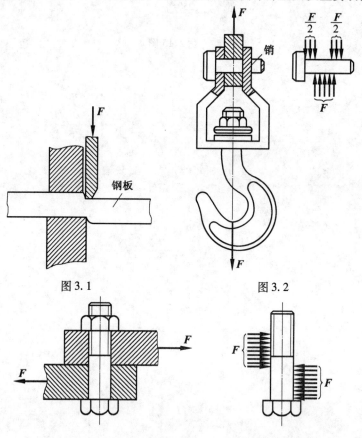

图 3.1

图 3.2

图 3.3

以螺栓为例,其受力和变形情况如图 3.5 所示。受力特点是:作用在构件两侧面上的横向力大小相等,方向相反,作用线相距很近。在这样的外力作用下,其变形特点是:两力间的某一横截面发生相对错动,这就是剪切变形。

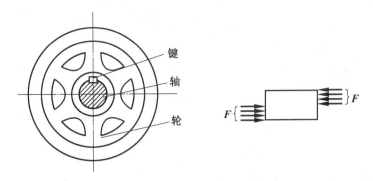

图 3.4

连接件在发生剪切变形的同时常伴随着其他形式的变形。例如,图 3.3 所示的螺栓,两个外力 F 并不沿同一直线,它们形成一个力偶,要保持螺栓的平衡,还需要有其他外力的作用,如图 3.6 所示。这样就出现了拉伸、弯曲等其他形式的变形,但这些变形一般不是影响连接件强度的主要因素,故可以不考虑。

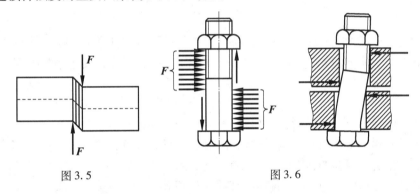

图 3.5   图 3.6

3.1   剪切的实用计算

上述的连接件铆钉、轴销、键等以及被连接件在连接处的局部变形及应力分布比较复杂,很难做出精确的理论分析。因此工程上大都假设应力是均匀分布的,在此基础上进行的强度计算,故称为工程实用计算。

剪切变形是沿剪切面发生的,剪切面是产生相对错动的平面,因此,我们在进行剪切强度计算时,只需考虑剪切面上的内力及应力。下面以铆钉连接件为例,来说明剪切实用计算。

如图 3.7(a)所示,两块钢板用铆钉连接,当两钢板受拉时,铆钉的受力如图 3.7(b)所示。若铆钉上作用的力 F 过大,其可能沿着两力间的某一截面 $m\text{-}m$ 被剪断,这个截面就是剪切面。现在用截面法来研究铆钉在剪切面上的内力。用一个截面假想地将铆钉沿剪切面 $m\text{-}m$ 截开,如图 3.7(c)所示取下半部分为研究对象,根据平衡方程,求得剪切面上的剪力 F_Q

$$F_Q = F$$

式中　F_Q——剪切面上分布内力的总和。

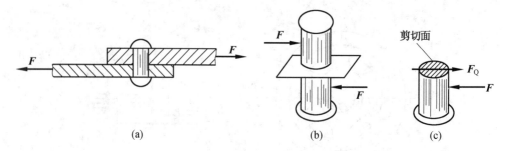

图 3.7

假设切应力 τ 均匀地分布在剪切面上,即

$$\tau = \frac{F_Q}{A} \tag{3.1}$$

式中 A——剪切面面积。

建立铆钉的剪切强度条件为

$$\tau = \frac{F_Q}{A} \leqslant [\tau] \tag{3.2}$$

式中 $[\tau]$——材料的许用切应力,是根据连接件的实际受力情况,做模拟剪切试验,记
下破坏载荷 F_b,除以剪切面面积得到破坏应力 τ_b,再除以安全系数得到,即

$$[\tau] = \frac{\tau_b}{n}$$

由上所述,剪切实用计算是一种带有经验性的强度计算。这种计算比较粗略,但由于
许用切应力的测定条件与实际构件的情况相似,而且其计算方法也与切应力相同,所以它
基本上是符合实际情况的,在工程实际中广泛应用。

但有时在工程实际中,也会遇到利用剪切变形的情况。例如,如图 3.8(a)所示的车
床传动轴上的保险销,当载荷增加到某一数值时,保险销即被剪断,从而起到保护车床重
要部件的作用。又如如图 3.8(b)所示的冲床,冲模时利用工件发生剪切破坏而得到所需
要的形状。

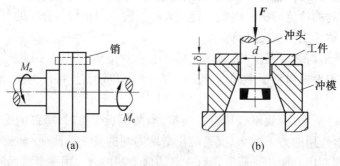

图 3.8

【例 3.1】   如图 3.9(a)所示,电瓶车挂钩由轴销连接,轴销材料为 20 号钢,$[\tau]=$
30 MPa,直径 $d=20$ mm。挂钩及被连接的板件的厚度分别为 $t=8$ mm 和 $1.5t=12$ mm。
牵引力 $F=15$ kN。试校核轴销的剪切强度。

解 轴销受力如图3.9(b)所示。根据受力情况,轴销中段相对于上、下两段,沿m-m和n-n两个面向左错动。所以有两个剪切面,为双剪切。由平衡方程得

$$F_Q = \frac{F}{2}$$

轴销横截面上的切应力为

$$\tau = \frac{F_Q}{A} = \frac{15 \times 10^3 \text{ N}}{2 \times \frac{\pi}{4} \times 20^2 \text{ mm}^2} = 23.9 \text{ MPa} < [\tau]$$

故轴销满足剪切强度要求。

【例3.2】 如图3.10(a)所示冲床,已知钢板厚度$t = 10$ mm,其剪切极限应力为$\tau_u = 300$ MPa。若用冲床将钢板冲出直径$d = 25$ mm的孔,问需要多大的冲剪力F?

解 剪切面是钢板内被冲头冲出的圆柱形侧面,如图3.10(b)所示。其面积为

$$A = \pi d t = \pi \times 25 \times 10 \text{ mm}^2 = 785 \text{ mm}^2$$

冲孔所需要的冲剪力应为

$$F \geqslant A\tau_u = 785 \times 10^{-6} \times 300 \times 10^6 \text{ N} = 236 \times 10^3 \text{ N} = 236 \text{ kN}$$

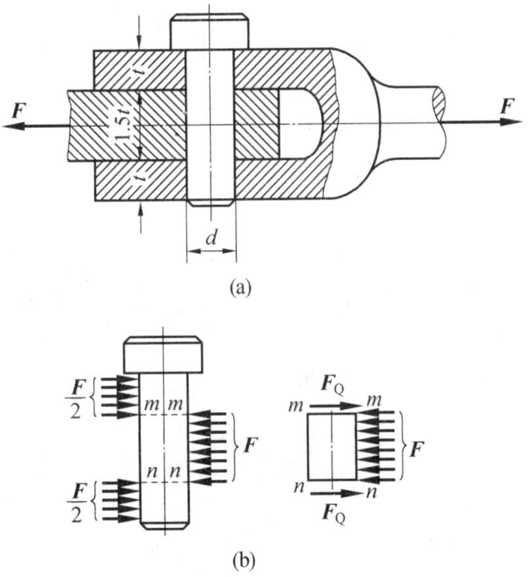

(a)

(a)

(b)

(b)

图3.9

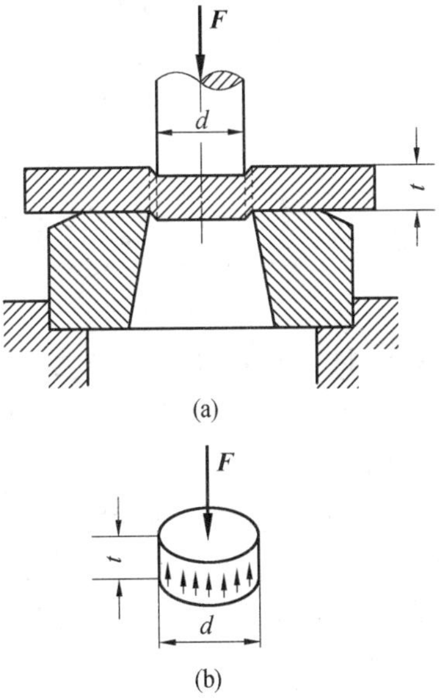

图3.10

3.2 挤压的实用计算

大多数连接件在承受剪切的同时,常与被连接件在接触面上相互压紧,使接触处的局部区域发生显著的塑性变形或被压溃。这种发生在构件表面局部受压的现象称为挤压,作用在接触面上的压力称为挤压力F_{bs}。如图3.11所示为铆钉孔的挤压破坏现象,铆钉孔受压的一侧被压溃,材料向两侧隆起,钉孔已不再是圆形。挤压破坏会导致连接松动,影响构件的正常工作,因此对连接件进行剪切强度校核的同时还需进行挤压强度计算。

挤压力的作用面称为挤压面,由挤压力引起的应力称为挤压应力,用 σ_{bs} 表示。在挤压面上,挤压应力的分布情况也比较复杂,在实用计算中假设挤压应力均匀地分布在挤压面上。即

$$\sigma_{bs}=\frac{F_{bs}}{A_{bs}}\qquad\qquad(3.3)$$

式中 F_{bs}——挤压面上的挤压力;

A_{bs}——挤压面面积。

对于螺栓、销等连接件,挤压面为半圆柱面,如图 3.12(a)所示,根据理论分析,在半圆柱挤压面上的挤压应力的分布情况如图 3.12(b)所示,最大挤压应力发生在半圆弧的中点处。如果用挤压面的正投影作为计算面积,如图 3.12(c)中的直径平面 $ABCD$,以其除挤压力 F_{bs} 而得的计算结果,与按理论分析所得的最大挤压应力值相近。因此,式(3.3)中 A_{bs} 一般指挤压面计算面积。

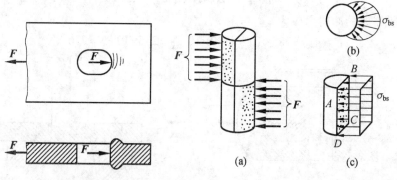

图 3.11   图 3.12

【例 3.3】 如图 3.13 所示,2.5 mm³ 挖掘机减速器的一轴上装一齿轮,齿轮与轴通过平键连接,已知键所受的力 $F=12.1$ kN。平键的尺寸为 $b=28$ mm,$h=16$ mm,$l_2=70$ mm,圆头半径 $R=14$ mm。键的许用切应力 $[\tau]=87$ MPa,轮毂的许用挤压应力 $[\sigma_{bs}]=100$ MPa,试校核键连接的强度。

解 (1)校核剪切强度。键的受力如图 3.13(c)所示,此时剪切面上的剪力为

$$F_Q=F=12.1\ kN$$

对于圆头平键,其圆头部分略去不计,如图 3.13(e)所示,故剪切面面积为

$$A=bl_p=b(l_2-2R)=2.8\times(7-2\times1.4)m^2=11.76\times10^{-4}\ m^2$$

平键的工作切应力为

$$\tau=\frac{F_Q}{A}=\frac{121\ 00}{11.76\times10^{-4}}Pa=10.3\ MPa<[\tau]=87\ MPa$$

满足剪切强度条件。

(2)校核挤压强度。与轴和键比较,通常轮毂抵抗挤压的能力较弱。轮毂挤压面上的挤压力为

$$F_{bs}=F=12\ 100\ N$$

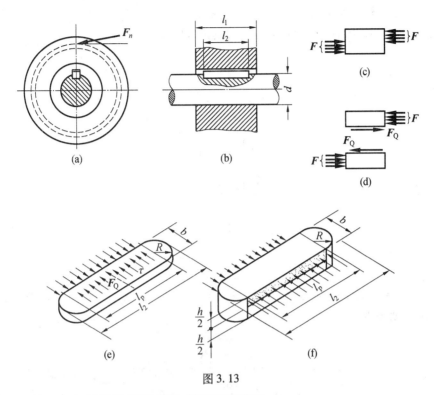

图 3.13

挤压面的面积与键的挤压面相同,挤压面面积为

$$A_{bs} = \frac{h}{2} \cdot l_p = \frac{1.6}{2} \times (7.0 - 2 \times 1.4)\, \text{cm}^2 = 3.36 \times 10^{-4}\, \text{m}^2$$

故轮毂的工作挤压应力为

$$\sigma_{bs} = \frac{F}{A_{bs}} = \frac{12\,100}{3.36 \times 10^{-4}}\, \text{Pa} = 36\ \text{MPa} < [\sigma_{bs}] = 100\ \text{MPa}$$

也满足挤压强度条件。所以,键连接满足剪切强度和挤压强度。

习 题

3.1 试分析图示中顶盖的受剪面和压力面,并写出受剪面和压力面的面积。

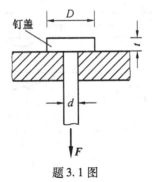

题 3.1 图

3.2　图示销钉连接中,$F=40$ N,$t=20$ mm,$t_1=12$ mm,销钉材料的许用切应力$[\tau]=$ 60 MPa,许多挤压应力$[\sigma_{bs}]=120$ MPa。试求销钉所需的直径。

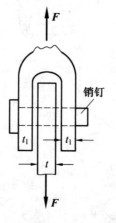

题 3.2 图

3.3　一螺栓连接如图所示,已知 $F=200$ kN,$\delta=2$ cm,螺栓材料的许用切应力$[\tau]=$ 80 MPa,试求螺栓直径。

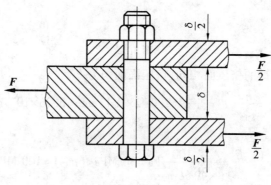

题 3.3 图

3.4　销钉式安全离合器如图所示,允许传递的外力偶矩 $M_e=30$ kN·m,销钉材料的剪切强度极限 $\tau_u=360$ MPa,轴的直径 $D=30$ mm,为保证 $M_e>30$ kN·cm 时销钉被剪断,求销钉的直径 d。

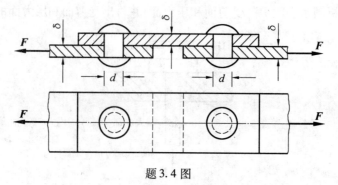

题 3.4 图

3.5 图示减速机上齿轮与轴通过平键连接。已知键受外力 $F = 12$ kN, 所用平键的尺寸为 $b = 28$ mm, $h = 16$ mm, $l = 60$ mm, 键的许用应力 $[\tau] = 87$ MPa, $[\sigma_{bs}] = 100$ MPa。试校核键的强度。

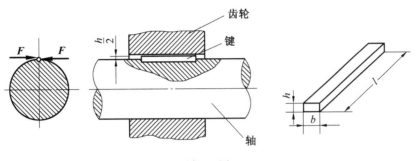

题 3.5 图

3.6 如图所示, 冲床的最大冲力为 400 kN, 被冲剪钢板的剪切极限应力 $\tau_b = 360$ MPa, 冲头材料的 $[\sigma] = 440$ MPa。求在最大冲力作用下所能冲剪的圆孔最小直径和板的最大厚度。

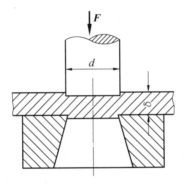

题 3.6 图

第 **4** 章

扭　转

4.1　扭转的概念和实例

在实际工程中,有许多构件的主要变形为扭转。机械工程中,有许多承受扭转的杆件,如汽车的转向轴(图4.1(a))、水轮发电机的主轴(图4.1(b))、汽车主传动轴(图4.1

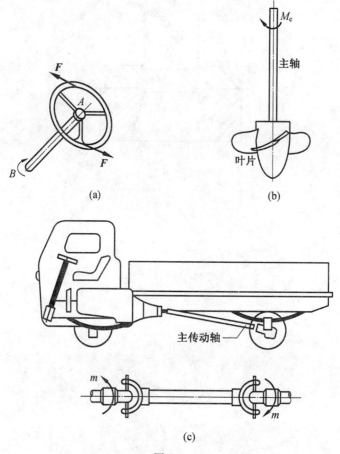

(a)

(b)

(c)

图 4.1

（c））、方孔套筒扳手、搅拌机轴、车床的光杆、船舶的螺旋桨轴等。此外，生活中常用的钥匙、螺钉旋具等都受到不同程度的扭转作用。有些构件的扭转变形是与其他变形形式同时存在的，如传动轴还有弯曲变形，钻杆还有受压变形。

工程计算中，扭转变形杆件的计算简图如图 4.2 所示。这类杆件发生扭转变形的受力特点是，在垂直于杆件轴线不同的平面内，受到一些外力偶的作用；其变形特点是，变形后，直杆的纵向直线变成了螺旋线，杆轴线保持不动，而杆件各横截面绕杆轴线发生相对转动。

扭转时杆件两个横截面相对转动的角度称为相对扭转角，用 φ 表示。例如，图 4.2 中的 φ 即表示截面 B 相对于截面 A 的扭转角。同时，杆件表面的纵向直线也转了一个角度 γ，称为剪切角，即切应变。

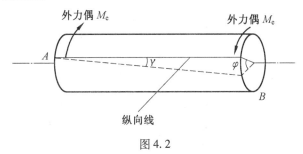

图 4.2

建筑结构中，纯粹受扭转的构件较少见，大多是伴随着弯曲变形而出现的。如房屋中的雨篷梁、框架边梁、吊车梁等，这些构件的截面一般为矩形截面，在外载荷作用下处于弯曲与扭转的组合变形中。

以扭转变形为主要变形形式的杆件称为轴，最常用的是圆截面轴。本章主要讨论工程中圆轴受扭时的强度和刚度计算问题。

4.2　扭转外力与内力

4.2.1　外力偶矩的计算

使轴产生扭转变形的外力偶矩 M_e 一般是已知的。但是，工程中常见的传动轴，其上的外力偶矩 $M_e(\text{N}\cdot\text{m})$ 往往不是直接给出的，给出的是轴所传递的功率和转速。扭转外力偶矩的数值可以根据轴所传递的功率 $P(\text{kW})$ 和转速 $n(\text{r/min})$ 算出。

由理论力学可知，功率 P 是力偶在单位时间内所做的功，它等于外力偶矩 M_e 与角速度 ω 的乘积，即

$$P = M_e \omega \tag{4.1}$$

而 $\omega = \dfrac{2n\pi}{60}$，$1\text{ kW} = 1\ 000\text{ N}\cdot\text{m/s}$，则有

$$P \times 1\ 000 = M_e \times \frac{2n\pi}{60} \tag{4.2}$$

故

$$M_e = 9\,549 \cdot \frac{P}{n} \qquad\qquad (4.3)$$

当功率 P 的量纲为马力时(1 马力 $=735.5W$),外力偶矩 M_e 为

$$M_e = 7\,024 \cdot \frac{P}{n} \qquad\qquad (4.4)$$

4.2.2 扭矩

现在讨论扭转时轴横截面上的内力。设一轴在一对大小相等,转向相反的外力偶作用下产生扭转变形,如图4.3(a)所示,此时轴横截面上必然产生相应的内力。为了计算内力,仍采用截面法,以一个假想的截面 $a–a$ 将轴截开,取左段为研究对象,如图4.3(b)所示。由于该段左端作用一个矩为 M_e 的力偶,为了保持平衡,在截面 $a–a$ 上必然存在一个内力偶 T 与它平衡。由平衡条件 $\sum M_x = 0$,即可求得这个内力偶矩的大小为

$$T = M_e$$

横截面上的这个内力偶矩 T 称为扭矩。

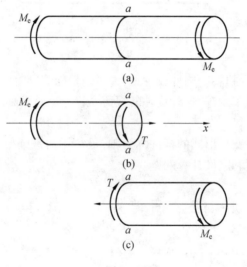

图 4.3

如取右段为研究对象,如图4.3(c)所示,仍可得 $T = M_e$,但扭矩的转向不同,因为它们是作用与反作用的关系。为了使左右两段求得的同一截面上的扭矩不仅大小相等,而且符号也相同,可按右手螺旋法则来确定扭矩的符号。即右手的四指表示沿扭矩的转向转动,若大拇指的指向与该扭矩所作用截面的外法线方向一致,则扭矩为正,反之为负。根据这一规则,无论取左段还是取右段为研究对象,截面 $a–a$ 上的扭矩均为正值。

4.2.3 扭矩图

为清楚地表示扭矩沿杆长在不同截面上的变化情况,同时便于判断最大扭矩产生的横截面位置,可用图像来表示各横截面上扭矩沿轴线的变化情况,这样的图称为扭矩图。即在一直角坐标系中,按照选定的比例尺,以受扭杆横截面沿杆轴线的位置 x 为横坐标,

以横截面上的扭矩 T 为纵坐标,绘出扭矩图。绘图时一般规定将正号的扭矩画在横坐标的上侧,负号的扭矩画在横坐标的下侧。

下面用例题说明扭矩的计算和扭矩图的绘制。

【例 4.1】 传动轴如图 4.4(a)所示,已知轴的转速 $n=300\ \mathrm{r/min}$,主动轮 A 输入的功率 $P_A=36.7\ \mathrm{kW}$,从动轮 B、C、D 输出的功率分别为 $P_B=14.7\ \mathrm{kW}$,$P_C=P_D=11\ \mathrm{kW}$。试画出轴的扭矩图。

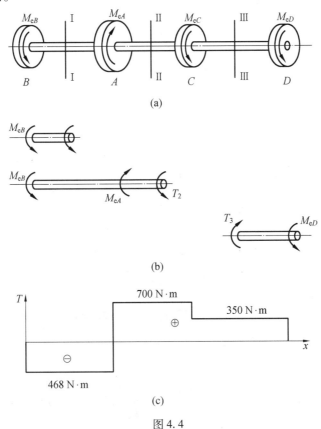

图 4.4

解 (1)计算外力偶矩。

$$M_{eA}=9\ 549\ \frac{P_A}{n}=\left(9\ 549\times\frac{36.7}{300}\right)\mathrm{N}\cdot\mathrm{m}=1\ 168\ \mathrm{N}\cdot\mathrm{m}$$

$$M_{eB}=9\ 549\ \frac{P_B}{n}=\left(9\ 549\times\frac{14.7}{300}\right)\mathrm{N}\cdot\mathrm{m}=468\ \mathrm{N}\cdot\mathrm{m}$$

$$M_{eC}=M_{eD}=9\ 549\ \frac{P_C}{n}=\left(9\ 549\times\frac{11}{300}\right)\mathrm{N}\cdot\mathrm{m}=350\ \mathrm{N}\cdot\mathrm{m}$$

(2)计算力偶。

由受力情况可知,轴在 BA、AC、CD 三段内有不同的扭矩,需分段求出,如图 4.4(b)所示。

BA 段:沿 $\mathrm{I}-\mathrm{I}$ 截面将轴截开,取左半段为研究对象,截面上的扭矩以 T_1 表示,设其为正。由平衡条件:

$$\sum M_x = 0, \quad M_{eB} + T_1 = 0$$

得 $$T_1 = -M_{eB} = -468 \text{ N} \cdot \text{m}$$

T_1 为负值,说明 T_1 的实际转向与原假设的转向相反。

AC 段:沿 Ⅱ – Ⅱ 截面将轴截开,研究左半段,则

$$T_2 = M_{eA} - M_{eB} = (1\,168 - 468) \text{ N} \cdot \text{m} = 700 \text{ N} \cdot \text{m}$$

CD 段:沿 Ⅲ – Ⅲ 截面将轴截开,研究右半段,则

$$T_3 = M_{eD} = 350 \text{ N} \cdot \text{m}$$

(3)作扭矩图。

根据求出的各段扭矩值,可画出传动轴的扭矩图,并标上扭矩的数值和符号,如图 4.4(c)所示。由图可见,最大扭矩 T_{max} 发生在 AC 段内,其值为 700 N · m。

4.3 薄壁圆筒的扭转

4.3.1 薄壁圆筒扭转时的应力与变形

为了分析圆轴扭转变形的情况,首先对薄壁圆筒受扭转的情况进行研究。

图 4.5(a)所示为一等厚薄壁圆筒,壁厚 t 远小于其平均半径 $R(t \leqslant 0.1R)$。受扭前在薄壁圆筒表面上画上圆周线和纵向线,形成矩形网格。在两端施加外力偶 M_e 后,薄壁圆筒产生扭转变形,如图 4.5(b)所示。当变形不大时,可观察到下列现象:

(1)圆周线的形状、大小和间距均未改变,只不过各自绕轴线作了相对转动。

(2)各纵向线都倾斜了同一角度 γ,纵向线与圆周线所组成的微小矩形变成了平行四边形。

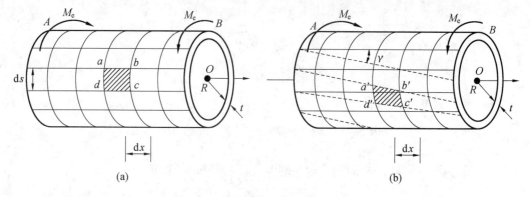

(a)　　　　　　　　　　　　　　　(b)

图 4.5

分析上述现象,现象(1)表明两相邻圆周线之间没有沿轴线的线应变,因此可以判断各横截面上无垂直于该截面的正应力。现象(2)可以看出,矩形 $abcd$ 的左右两边发生相对错动,因而横截面上有切于圆周方向的切应力存在。而各纵向线都倾斜了同一个角度 γ,说明沿圆周上各点,横截面上的切应力相同。因圆筒壁厚 t 很小,可以认为切应力沿壁厚方向均匀分布。

综上所述,薄壁圆筒扭转时,横截面上的切应力均匀分布,其方向与横截面半径垂直。

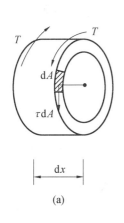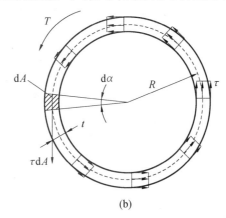

(a)   (b)

图 4.6

设薄壁圆筒任一横截面如图 4.6(a)所示,该截面上的扭矩 T。横截面上切应力 τ 的方向与 T 一致并与对应点的半径垂直。从横截面上任取一微小面积 $\mathrm{d}A$,其上合力为 $\tau \cdot \mathrm{d}A$,它对圆心的微内力矩为 $R\tau\mathrm{d}A$。由静力学可知,在整个截面上所有这些微内力矩之和即为该截面上的扭矩 T,即

$$T = \int_A R\tau\mathrm{d}A = \int_0^{2\pi} R\tau t R\mathrm{d}\alpha = R^2 t\tau \int_0^{2\pi} \mathrm{d}\alpha = 2\pi R^2 t\tau$$

得

$$\tau = \frac{T}{2\pi R^2 t} \tag{4.5}$$

式(4.5)是由薄壁圆筒得出的,但理论分析表明,它适用于各种形状的闭口薄壁筒。在薄壁筒扭转试验中,由图 4.5(b)可得几何关系 $\gamma \cdot l = R \cdot \varphi$,即得

$$\gamma = \frac{R \cdot \varphi}{l} \tag{4.6}$$

式中 φ——圆筒两端横截面的相对扭转角;

        l——薄壁圆筒的长度。

4.3.2 切应力互等定理

用相邻两横截面和两纵截面在薄壁圆筒中取一微小六面体(单元体),它的 3 个方向的尺寸分别为 $\mathrm{d}x$、$\mathrm{d}y$ 和 t,如图 4.7 所示。由于单元体的左右两侧面是薄壁圆筒横截面的一部分,因而只有切应力 τ,并无正应力 σ。由静力平衡条件知,左右两侧的切应力 τ 的合力大小相等,方向相反,从而构成一个力偶为 $(\tau t\mathrm{d}y)\mathrm{d}x$ 的顺时针力偶。因单元体是平衡的,故其上下两面必然有切应力 τ',且也是大小相等,方向相反,以组成逆时针的力偶,与顺时针的力偶 $(\tau t\mathrm{d}y)\mathrm{d}x$ 构成平衡力系。由平衡方程

$$\sum M_z = 0, \quad (\tau t\mathrm{d}y)\mathrm{d}x = (\tau' t\mathrm{d}x)\mathrm{d}y$$

得

$$\tau = \tau' \tag{4.7}$$

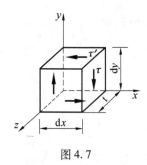

图 4.7

上述结果说明:在相互垂直的两个微面上,与两微面交线垂直的切应力必定大小相等,方向相反,或者都指向该两面的交线,或者都背离该两面的交线。切应力的这个性质称为切应力互等定理。该定理也可以叙述为:在相互垂直的两个微面上,如果一个面上有与交线垂直的切应力,则另一个面上也必有与交线垂直的切应力,这两个切应力大小相等,方向相反。所以该定理又称为切应力双生定理。图 4.7 中单元体各面上只有切应力而无正应力,这样的单元体处于纯剪切应力状态,简称纯剪状态。切应力互等定理虽在纯剪切应力状态下推导出,但是它具有普遍性,无论单元体各面上是否有正应力 σ 作用的情况下都成立。

4.3.3 剪切胡克定律

在薄壁圆筒的扭转试验中,根据所加的外力偶矩 M_e(在数值上等于扭矩 T)和测出圆筒两端面的相对转角 φ,可以由式(4.5)和式(4.6)计算出切应力 τ 和切应变 γ。试验表明,当切应力 τ 不超过材料的剪切比例极限 τ_P 时,切应力 τ 与切应变 γ 之间成正比关系,即

$$\tau = G\gamma \tag{4.8}$$

这就是材料的剪切胡克定律。式中比例常数 G 称为材料的剪切弹性模量,其量纲与弹性模量 E 的量纲相同,常用单位为 GPa。不同材料的 G 值各不相同,其值可通过试验测定。常用材料的剪切弹性模量 G 见表 4.1。

表 4.1　常见材料的剪切弹性模量 G

材料	钢	铸铁	铜	铝	木材
G/GPa	80 ~ 81	45	40 ~ 46	26 ~ 27	0.55

至此,已经引用了 3 个弹性常数,即弹性模量 E、剪切模量 G 和泊松比 μ,对各向同性材料,可以证明 3 个弹性常数间存在下列关系:

$$G = \frac{E}{2(1+\mu)} \tag{4.9}$$

可见,各向同性材料独立弹性常数有两个,上述 3 个弹性常数中,只要知道任意两个,另一个即可确定。

4.4　圆轴扭转时的应力与变形

4.4.1　圆轴扭转时的应力

工程中常用到实心圆轴或具有相当厚度的空心圆轴,分析其扭转时的应力与分析薄壁圆筒扭转构件时的应力一样,首先需要明确横截面上存在什么应力及其分布规律。为此,须从几何、物理和静力学三方面的关系来考虑。首先由圆轴的变形找出横截面上应变的变化规律,也就是研究圆轴变形的几何关系;再由应变规律找出应力的分布规律,即建立应力和应变间的物理关系;最后,根据扭矩和应力之间的静力关系,导出应力的计算公式。

1. 几何关系

与研究薄壁圆筒的扭转类似,先在圆轴的表面画出圆周线和纵向线,再在轴的两端加上大小相等,转向相反的力偶 M_e,使其发生扭转变形,如图 4.8 所示。可以看到与薄壁圆筒扭转时相同的现象:圆周线的形状和大小不变,两相邻圆周线之间的距离不变,仅发生相对的转动;各纵向线都倾斜了同一个角度 γ,圆轴表面上的矩形变成菱形。根据观察到的表面变形现象,我们可由表及里地推测圆轴内部的变形情况,即:圆轴的扭转是无数层薄壁圆筒扭转的组合,其内部也存在同样的变形规律。

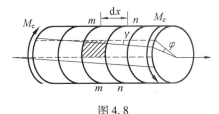

图 4.8

因此,可以做出下述基本假设:圆轴扭转变形后,横截面仍保持平面,其形状和大小以及两相邻横截面间的距离保持不变,半径仍保持为直线,即横截面刚性地绕轴线作相对转动。这一假设称为圆轴扭转的平面假设。

下面分析切应变在圆轴内的变化规律。在图 4.8 中,用相邻的两个截面 $m-m$ 和 $n-n$ 从圆轴中截取出长为 dx 的微段来研究,如图 4.9(a)所示。由圆轴扭转的平面假设,变形后截面 $n-n$ 相对于截面 $m-m$ 转动了一个角度 $d\varphi$,变形前其上的两条纵向线 ab 和 cd 变形后皆转了一个 γ 角,与纵向线 ab、cd 对应的两条半径 Ob、Oc 分别转到了 Ob' 和 Oc',转角均为 $d\varphi$。从图 4.9(a)所示微段 dx 中取出楔形单元体(图 4.9(b))由几何关系得

$$bb' = R \cdot d\varphi = \gamma \cdot dx$$

故有

$$\gamma = R \frac{d\varphi}{dx} \qquad (4.10)$$

同样,在距离轴线为 ρ 的地方,矩形 1234 变形到 $1'2'3'4$,该处的切应变 γ_ρ 可由

$$\rho \cdot d\varphi = \gamma_\rho \cdot dx$$

得

$$\gamma_\rho = \rho \frac{\mathrm{d}\varphi}{\mathrm{d}x} \tag{4.11}$$

式中 $\dfrac{\mathrm{d}\varphi}{\mathrm{d}x}$ ——相对扭转角 φ 沿杆长度的变化率,对同一截面是一个常数。

所以式(4.11)表明,切应变 γ_ρ 与该点到圆心的距离 ρ 成正比,距离圆心越远,切应变越大,在圆轴表面处的切应变最大。这就是圆轴扭转时横截面上任一点处的切应变沿半径方向的变化规律。

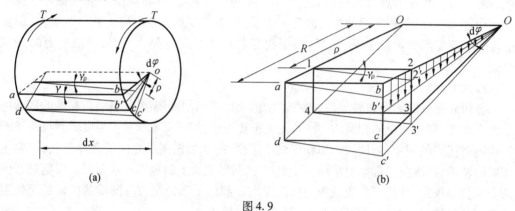

图 4.9

2. 物理关系

根据剪切胡克定律,在线弹性范围内,横截面上距圆心为 ρ 的任一点处的切应力 τ_ρ 与该点处的切应变 γ_ρ 成正比,即

$$\tau_\rho = G\gamma_\rho \tag{4.12}$$

将式(4.11)代入式(4.12)中,得

$$\tau_\rho = G\rho \frac{\mathrm{d}\varphi}{\mathrm{d}x} \tag{4.13}$$

由于 G、$\dfrac{\mathrm{d}\varphi}{\mathrm{d}x}$ 是常数,因此式(4.13)说明横截面上任一点处切应力的大小与该点到圆心的距离 ρ 成正比。也就是说,在横截面的圆心处切应力为零,在周边上切应力最大。又因为 γ_ρ 发生在垂直于半径的平面内,所以 τ_ρ 也与半径垂直,其分布如图 4.10(a)所示。由切应力互等定理可知,实心圆轴纵截面上切应力的分布规律与其垂直的横截面上的切应力分布规律相同,如图 4.10(b)所示。

3. 静力关系

因式(4.13)中 $\dfrac{\mathrm{d}\varphi}{\mathrm{d}x}$ 还未求出,故仍然无法用它计算任一点的切应力。圆轴扭转时,平衡外力偶矩的扭矩,是由横截面上无数的微剪力组成的。如图 4.11 所示,在圆轴的横截面上距圆心为 ρ 的点处,取微面积 $\mathrm{d}A$,则此微面积上有微剪力 $\tau_\rho \mathrm{d}A$,各微剪力对截面圆心之矩的积分就是该截面的扭矩 T,即

$$T = \int_A \rho \tau_\rho \mathrm{d}A \tag{4.14}$$

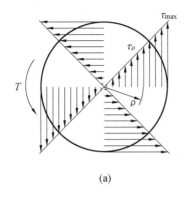
(a)

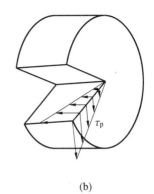
(b)

图 4.10

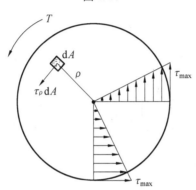

图 4.11

将式(4.13)代入式(4.14),得

$$T = \int_A G \frac{\mathrm{d}\varphi}{\mathrm{d}x} \rho^2 \mathrm{d}A \tag{4.15}$$

考虑到因子 $G \dfrac{\mathrm{d}\varphi}{\mathrm{d}x}$ 为常量,则

$$T = G \frac{\mathrm{d}\varphi}{\mathrm{d}x} \int_A \rho^2 \mathrm{d}A \tag{4.16}$$

令

$$I_p = \int_A \rho^2 \mathrm{d}A$$

式中 I_p—— 横截面的极惯性矩。

式(4.16)可写成

$$\frac{\mathrm{d}\varphi}{\mathrm{d}x} = \frac{T}{GI_p} \tag{4.17}$$

将式(4.17)代入式(4.13)消去 $\dfrac{\mathrm{d}\varphi}{\mathrm{d}x}$,得

$$\tau_\rho = \frac{T\rho}{I_p} \tag{4.18}$$

这就是圆轴扭转时横截面上距圆心为 ρ 的任一点处的切应力计算公式。

当 $\rho = R$ 时,切应力达到最大,即在横截面的周边上各点处切应力为最大值 $\tau_{\max}$,则

$$\tau_{\max} = \frac{TR}{I_p} = \frac{T}{W_t} \qquad (4.19)$$

式中　W_t——抗扭截面模量,其量纲为长度的三次方,其计算公式为

$$W_t = \frac{I_p}{R} \qquad (4.20)$$

根据式(4.16)及式(4.20),可以求得极惯性矩 I_p 和抗扭截面模量 W_t 的值。

对于圆形截面,可取距圆心为 ρ 处厚为 $\mathrm{d}\rho$ 的圆环作为面积元素,其面积为 $\mathrm{d}A$,如图 4.12(a) 所示,即 $\mathrm{d}A = 2\pi\rho\mathrm{d}\rho$,于是

$$I_p = \int_A \rho^2 \mathrm{d}A = \int_0^{D/2} \rho^2 \cdot 2\pi\rho\mathrm{d}\rho = 2\pi \int_0^{D/2} \rho^3 \mathrm{d}\rho = \frac{\pi D^4}{32} \qquad (4.21)$$

$$W_t = \frac{I_p}{D/2} = \frac{\pi D^3}{16} \qquad (4.22)$$

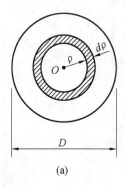 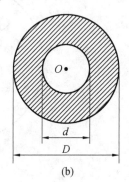

$$(a) \qquad\qquad\qquad\qquad (b)$$

图 4.12

对于内径为 d、外径为 D 的空心圆截面,如图 4.12(b) 所示,它的极惯性矩和抗扭截面模量分别为

$$I_p = \int_A \rho^2 \mathrm{d}A = \int_{d/2}^{D/2} \rho^2 \cdot 2\pi\rho\mathrm{d}\rho = \frac{\pi}{32}(D^4 - d^4) = \frac{\pi D^4}{32}(1 - \alpha^4) \qquad (4.23)$$

$$W_t = \frac{I_p}{D/2} = \frac{\pi D^3}{16}(1 - \alpha^4) \qquad (4.24)$$

式中　α——空心圆截面内外径的比值,即 $\alpha = d/D$,称为空心率。

4.4.2　圆轴扭转时的变形

圆轴扭转时的变形是用两横截面间的相对扭转角 φ 来度量的。由式(4.17)可得圆轴扭转时相距为 $\mathrm{d}x$ 的两个横截面之间的相对扭转角为

$$\mathrm{d}\varphi = \frac{T}{GI_p}\mathrm{d}x \qquad (4.25)$$

沿轴线 x 积分,即可求得相距为 l 的两个横截面之间的相对扭转角为

$$\varphi = \int_l \mathrm{d}\varphi = \int_0^l \frac{T}{GI_p}\mathrm{d}x \qquad (4.26)$$

对于同一材料的等截面圆轴,当扭矩 T 为常量时,相距为 l 的两截面的扭转角为

$$\varphi = \frac{Tl}{GI_p} \tag{4.27}$$

由式(4.27)可知,当 T、l 一定时,GI_p 越大,相对扭转角 φ 越小,即 GI_p 反映了圆轴抵抗扭转变形的能力,故称其为圆轴的抗扭刚度。

对于变截面圆轴或扭矩 T 为变量,则应通过积分或分段计算出各段的扭转角,然后代数相加,即得两端截面的相对扭转角为

$$\varphi = \sum_{i=1}^{n} \frac{T_i l_i}{GI_{pi}} \tag{4.28}$$

扭转角的量纲为弧度,用 rad 表示,其转向与扭矩的转向相同,即扭转角的正负号由扭矩的正负号来确定,正扭矩得正的扭转角,负扭矩得负的扭转角。

4.5 圆轴扭转时的强度和刚度条件

4.5.1 圆轴扭转时的强度条件

强度条件是对最大工作应力的限制。因此,为保证圆轴能安全正常地工作,应使整个轴中最大切应力 τ_{max} 不超出材料的许用扭转切应力 $[\tau]$,即得圆轴扭转时的强度条件为

$$\tau_{max} \leqslant [\tau] \tag{4.29}$$

对于等截面圆轴,最大切应力发生在最大扭矩 T_{max} 所在横截面的周边各点处。由式(4.29),强度条件可写成

$$\tau_{max} = \frac{T_{max}}{W_t} \leqslant [\tau] \tag{4.30}$$

对于阶梯截面圆轴,因 W_t 各段不同,τ_{max} 不一定发生在 T_{max} 所在的截面上。这时要综合考虑扭矩 T 和抗扭截面模量 W_t 两个因素来确定其最大切应力。此时强度条件可写为

$$\tau_{max} = \left(\frac{T}{W_t} \right) \leqslant [\tau] \tag{4.31}$$

试验指出,材料的许用扭转切应力 $[\tau]$ 是根据扭转试验测得的极限切应力(屈服极限 τ_s 或强度极限 τ_b)除以适当的安全系数得到的,在静载荷下,许用切应力 $[\tau]$ 与其许用拉应力 $[\sigma]$ 有以下关系:

对于塑性材料: $[\tau] = (0.5 \sim 0.6)[\sigma]$

对于脆性材料: $[\tau] = (0.8 \sim 1)[\sigma]$

与轴向拉、压强度问题相似,应用扭转强度条件仍然可以解决以下三类问题。

(1)强度校核。利用式(4.30)或式(4.31)将算得的轴的最大切应力与轴的许用切应力进行比较,校核杆件是否满足强度条件。若满足,说明杆件的强度足够;反之,轴发生强度失效,应重新设计该轴。

(2)截面设计。根据杆件所承受的扭矩和材料的许用切应力,通过与轴的横截面尺寸相关的量 W_t 来确定轴在安全承载条件下的最小截面尺寸。

（3）确定许用载荷。根据圆轴的截面尺寸和许用切应力,确定轴在安全承载的条件下所能承受的最大载荷。

【例4.2】 实心圆轴和空心圆轴通过牙嵌式离合器连接在一起,如图4.13所示。两轴长度相等,材料相同,已知轴的转速 $n = 100$ r/min,传递的功率 $P = 7.5$ kW,材料的许用切应力 $[\tau] = 40$ MPa,剪切模量 $G = 80$ GPa,空心圆轴的内外径之比 $\alpha = 0.65$。试求:(1)实心圆轴的直径 d_1 和空心圆轴的外径 D_2;(2)确定两轴的质量之比;(3)截面 A 上距圆心10 mm处切应力的数值;(4)截面 B 和截面 C 之间的相对扭转角。

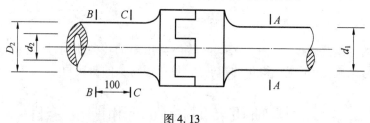

图 4.13

解 由于两轴的转速和所传递的功率均相等,故两者承受相同的外力偶矩 M_e,横截面上的扭矩 T 也因而相等,则有

$$T = M_e = 9\ 549 \frac{P}{n} = 9\ 549 \times \frac{7.5}{100}\ \text{N} \cdot \text{m} = 716.2\ \text{N} \cdot \text{m}$$

（1）实心圆轴需满足:

$$\tau_{\max} = \frac{T}{W_t} = \frac{16T}{\pi d_1^3} \leqslant [\tau]$$

则有

$$d_1 \geqslant 3\sqrt{\frac{16T}{\pi[\tau]}} = \sqrt[3]{\frac{16 \times 716.2\ \text{N} \cdot \text{m}}{\pi \times 40 \times 10^6\ \text{Pa}}} = 0.045\ \text{m} = 45\ \text{mm}$$

空心圆轴需满足:

$$\tau_{\max} = \frac{T}{W_t} = \frac{16T}{\pi D_2^3 (1 - \alpha^4)} \leqslant [\tau]$$

则有

$$D_2 \geqslant \sqrt[3]{\frac{16T}{\pi(1 - \alpha^4)[\tau]}} = \sqrt[3]{\frac{16 \times 716.2\ \text{N} \cdot \text{m}}{\pi \times (1 - 0.65^4) \times 40 \times 10^6\ \text{Pa}}} = 48\ \text{mm}$$

（2）因为两轴长度相等、材料相同,所以其质量之比就等于面积之比,即

$$\frac{A_{\text{实}}}{A_{\text{空}}} = \frac{\pi d_1^2 / 4}{\pi D_2^2 (1 - \alpha^2) / 4} = \frac{d_1^2}{D_2^2 (1 - \alpha^2)} = \frac{45^2}{48^2 \times (1 - 0.65^2)} = 1.52$$

可见,如果轴的长度相同,在最大切应力相同的情形下,实心轴所用材料要比空心轴多。因此,选用空心轴可减轻质量,节约材料。两者之所以有以上差别,原因在于横截面上的切应力沿半径是按线性规律分布的,靠近圆心的地方切应力很小,材料没有充分发挥作用。若把圆心附近的材料向边缘移置,使其成为空心轴,那么在面积相同的情况下,空心轴的 I_p 和 W_t 增大,从而提高承载能力。因此,工程中采用空心轴。

（3）截面 A 上距圆心 10 mm 处切应力的数值。

$$\tau = \frac{T\rho}{I_p} = \frac{32T\rho}{\pi d_1^4} = \frac{32 \times 716.2 \ \text{N} \cdot \text{m} \times 0.01 \ \text{m}}{\pi \times (0.045 \ \text{m})^4} = 17.79 \ \text{MPa}$$

（4）截面 B 和截面 C 之间的相对扭转角

$$\varphi_{BC} = \frac{Tl}{GI_p} = \frac{32Tl}{G\pi D^4(1-\alpha^4)} = \frac{32 \times 716.2 \ \text{N} \cdot \text{m} \times 0.1 \ \text{m}}{80 \times 10^9 \times \pi \times (0.048 \ \text{m})^4 \times (1-0.65^4)} \text{rad} = 0.004 \ \text{rad}$$

4.5.2　圆轴扭转时的刚度条件

在实际工程中，受扭圆轴构件除应满足强度条件外，对其变形也有一定要求，即不允许圆轴产生过大的扭转变形，否则会影响机器的精度或产生扭转振动。因此，需要将最大的单位长度相对扭转角限制在规定的范围内，即应满足刚度条件。用 θ 表示单位长度的相对扭转角，由式（4.26）可知

$$\theta = \frac{\mathrm{d}\varphi}{\mathrm{d}x} = \frac{T}{GI_p} \tag{4.32}$$

扭转构件的刚度条件为

$$\theta_{\max} = \frac{T_{\max}}{GI_p} \leqslant [\theta] \tag{4.33}$$

式中　$[\theta]$——单位长度的许用扭转角，其量纲为 rad/m。但在工程实际中 $[\theta]$ 的常用量纲为（°）/m。若使 θ 也采用°/m 为单位，则上述的刚度条件又可写成

$$\theta_{\max} = \frac{T_{\max}}{GI_p} \times \frac{180}{\pi} \leqslant \theta \tag{4.34}$$

$[\theta]$ 的数值可根据载荷性质、生产要求和不同的工作条件等因素确定。在一般情况下，对于精密机器的轴，$[\theta] = 0.25 \sim 0.50$（°）/m；对于一般传动轴，$[\theta] = 0.5 \sim 1$（°）/m；对于精密度较低的轴，$[\theta] = 1 \sim 2.5$（°）/m。其具体数值可查阅有关资料和相关手册。

由圆轴扭转时的刚度条件可以解决刚度计算的 3 个方面的问题：①刚度校核；②设计截面尺寸；③确定许用外载荷。一般情况下，在设计轴的截面尺寸或确定轴的外载荷时，应该使其同时满足强度条件和刚度条件。一般机械设备中的轴，可先按强度条件确定轴的尺寸，再按刚度要求进行刚度校核；但精密机器对轴的刚度要求很高，往往其截面尺寸的设计是由刚度条件控制的。

【例 4.3】　一传动轴如图 4.14（a）所示，若材料为 45 号钢，已知 $M_A = 3\,500$ N·m，$M_B = 1\,000$ N·m，$M_C = 2\,000$ N·m，$M_D = 500$ N·m，$G = 80$ GPa，$[\tau] = 60$ MPa，$[\theta] = 1$（°）/m。试确定轴的直径 d。

解　（1）作扭矩图，求最大扭矩。

用截面法求得 AB、AC、CD 各段的扭矩分别为

$$T_{AB} = -M_B = -1\,000 \ \text{N} \cdot \text{m}$$

$$T_{AC} = M_A - M_B = (3\,500 - 1\,000) \ \text{N} \cdot \text{m} = 2\,500 \ \text{N} \cdot \text{m}$$

$$T_{CD} = M_D = 500 \ \text{N} \cdot \text{m}$$

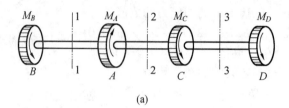

(a)

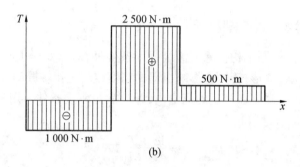

(b)

图 4.14

其扭矩图如图 4.14(b)所示。由图可见,在 AC 段内的扭矩最大,即

$$T_{max} = 2\,500\ \text{N} \cdot \text{m}$$

因为这是一根等截面轴,故危险截面就在此段轴内。

(2)根据强度条件计算轴的直径。

由强度条件:

$$\tau_{max} = \frac{T_{max}}{W_t} = \frac{16T_{max}}{\pi d^3} < [\tau]$$

得

$$d \geqslant \sqrt[3]{\frac{16T_{max}}{\pi[\tau]}} = \sqrt[3]{\frac{16 \times 2\,500\ \text{N} \cdot \text{m}}{\pi \times 60 \times 10^6\ \text{Pa}}} = 0.060\ \text{m} = 60\ \text{mm}$$

(3)根据刚度条件计算轴的直径。

由刚度条件:

$$\theta_{max} = \frac{T_{max}}{GI_p} \times \frac{180}{\pi} = \frac{32T_{max}}{G\pi d^4} \times \frac{180}{\pi} \leqslant [\theta]$$

得

$$d \geqslant \sqrt[4]{\frac{32T_{max} \times 180}{G\pi^2[\theta]}} = \sqrt[4]{\frac{32 \times 2\,500\ \text{N} \cdot \text{m} \times 180}{80 \times 10^9\ \text{Pa} \times \pi^2 \times 1\,(°)/\text{m}}} = 0.065\ \text{m} = 65\ \text{mm}$$

根据以上计算结果,为了同时满足强度和刚度条件,取轴的直径 $d = 65$ mm。

习　题

4.1　圆轴的直径 $d = 50$ mm,转速 $n = 120$ r/min。若该轴横截面上的最大切应力 $\tau_{max} = 60$ MPa,试问所传递的功率为多大?

4.2 如图所示,空心圆轴受扭转力偶作用,横截面上的扭矩为 T,下列横截面上沿径向的应力分布图中正确的是哪个。

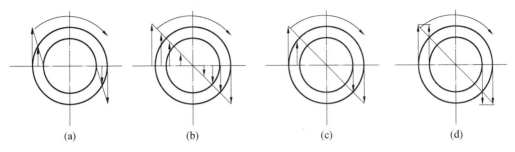

(a)　　　　(b)　　　　(c)　　　　(d)

题 4.2 图

4.3 如图所示的圆轴,试求:(1)各轴指定截面的扭矩,并指出扭矩的符号;(2)确定绝对值最大的扭矩及其所在位置,并绘制扭矩图。

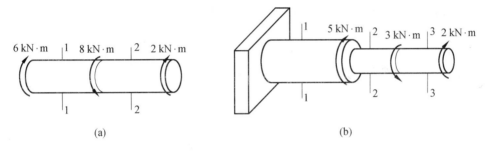

(a)　　　　　　　　　(b)

图 4.3

4.4 如图所示的空心钢轴,外径 $D=100$ mm,内径 $d=50$ mm。已知间距为 $l=2.7$ m 的两横截面的相对扭转角 $\varphi=1.8°$,材料的切变模量 $G=80$ GPa。试求轴内 τ_{max} 和 τ_{min}。

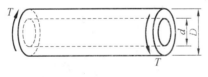

图 4.4

4.5 如图所示传动轴系钢制实心圆截面轴。已知 $M_1=1\,592$ N·m,$M_2=955$ N·m,$M_3=637$ N·m。截面 A 与截面 B、C 之间的距离分别为 $l_{AB}=300$ mm 和 $l_{AC}=500$ mm。轴的直径 $d=70$ mm,钢的切变模量 $G=80$ GPa。试求截面 C 相对于 B 的扭转角。

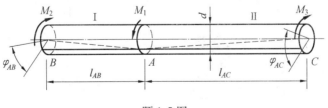

题 4.5 图

4.6 如图所示梯形圆轴直径分别为 $d_1 = 40$ mm，$d_2 = 70$ mm，轴上装有 3 个带轮。已知由轮 3 输入的功率为 $P_3 = 30$ kW，轮 1 输出的功率为 $P_1 = 13$ kW，轴做匀速转动，转速 $n = 200$ r/min，材料的许用剪应力 $[\tau] = 60$ MPa，许用扭转角 $[\theta] = 2(°)/$m，切变模量 $G = 80$ GPa。试校核该轴的强度和刚度。

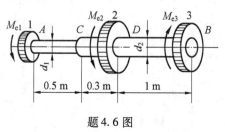

题 4.6 图

4.7 如图所示，传动轴的转速为 $n = 500$ r/min，主动轮 1 输入功率 $P_1 = 368$ kW，从动轮 2 和 3 输出功率分别为 $P_2 = 147$ kW，$P_3 = 221$ kW。已知 $[\tau] = 70$ MPa，$[\theta] = 1°/$m，$G = 80$ GPa。

(1)试确定 AB 段的直径 d_1 和 BC 段的直径 d_2。

(2)若 AB 和 BC 两段选用同一直径，试确定直径 d。

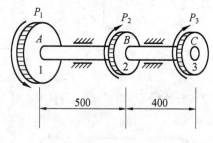

题 4.7 图

4.8 如图所示圆轴的 AC 段为实心圆截面，CB 段为空心圆截面，外径 $D = 30$ mm，空心段内径 $d = 20$ mm，外力偶矩 $M = 2\,00$ N·m。试求：(1)AC 段和 CB 段横截面外边缘的切应力，以及 CB 段内边缘处的切应力；(2)轴的最大切应力 τ_{max}；(3)确定图示 1—1 截面上 A、B、C 三点的应力。

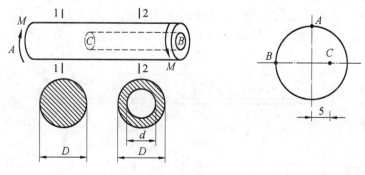

题 4.8 图

4.9 直径 $d = 25$ mm 的钢杆,受轴向拉力 60 kN 作用时,在标距为 200 mm 的长度内伸长了 0.113 mm;当它受一对转矩为 0.2 kN·m 的力偶作用时,在标距为 200 mm 的长度内转角为 0.732°。试求钢材的弹性模量 E、剪切模量 G 和泊松比 μ。

4.10 一空心圆轴和一实心圆轴,其材料相同,要按传递相同的扭矩 T 和具有相同的最大切应力设计。若空心轴的内、外半径之比 $\alpha = 0.8$。试求:(1)空心轴的质量与实心轴的质量之比;(2)空心轴的外径与实心轴的直径之比。

4.11 如图所示钻探机钻杆,外直径 $D = 60$ mm,内直径 $d = 50$ mm,功率 $P = 7.36$ kW,转速 $n = 180$ r/min,钻杆入土深度 $l = 40$ m,钻杆材料的切变模量 $G = 80$ GPa,许用切应力 $[\tau] = 40$ MPa。假设土壤对钻杆的阻力是沿长度均匀分布的。试求:(1)单位长度上土壤对钻杆的阻力矩集度 m;(2)作钻杆的扭矩图,并进行强度校核;(3)两端截面的相对扭转角。

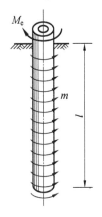

题 4.11 图

4.12 全长为 l,两端直径分别为 d_1、d_2 的圆锥形杆,在其两端各受一矩为 M 的集中力偶作用,如图所示。试求杆的总扭转角。

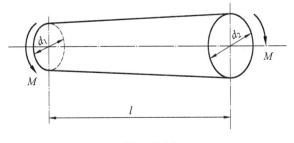

题 4.12 图

4.13 如图所示绞车由两人同时操作,每人在手柄上沿旋转的切向作用力 F 均为 0.2 kN,已知轴材料的许用切应力 $[\tau] = 40$ MPa。试求:(1)AB 轴所需的直径;(2)绞车所能吊起的最大重量。

4.14 已知轴的许用剪应力 $[\tau] = 21$ MPa,剪切模量 $G = 80$ GPa,许用单位长度扭转角 $[\theta] = 0.3$(°)/m,问此轴的直径 d 达到多大时,轴的直径应由强度条件决定,而刚度条件总可满足。

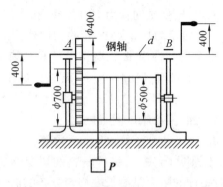

题 4.13 图

4.15 一传动轴的直径为 50 mm，如图所示。电动机通过 A 轮输入 100 kW 的功率，由 B、C 和 D 轮分别输出 45 kW、25 kW 和 30 kW 以带动其他部件。试求：(1)轴的最大切应力；(2)如将 A 轮放在轴的两端，对轴是否有利；(3)如果将该传动轴由实心换成空心，其内外径之比 $\alpha=0.5$，$G=80$ GPa，$[\tau]=60$ MPa，试设计此轴的外径，并求出全轴的相对扭转角。

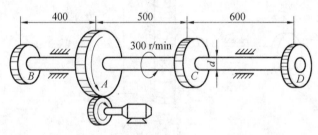

题 4.15 图

4.16 从受扭转力偶 M_e 作用的圆轴中，截取出如图所示部分作为分离体，试说明此分离体是如何平衡的。

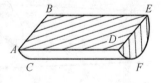

题 4.16 图

4.17 如图所示，传动轴由无缝钢管制成，其外径 $D=90$ mm，内径 $d=85$ mm，工作时承受的最大扭转力偶矩 $M_e=1.5$ kN·m，试求：

(1)计算最大和最小切应力，并在横截面上画出切应力分布图。

(2)若改用实心圆截面，使其与空心圆截面承受的最大切应力相等，计算实心轴的直径并计算二者的质量比。

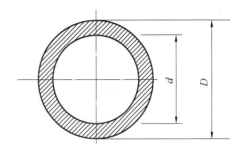

题 4.17 图

4.18　阶梯圆轴如图所示,已知其直径比 $d_1/d_2=2$,欲使两段轴内最大切应力相等,试求外力偶矩之比 M_{e1}/M_{e2}。

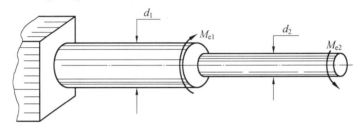

题 4.18 图

4.19　直径 $d=100$ mm 的受扭圆杆如图所示,已知 $n-n$ 截面边缘处 A 点的两个主应力分别为 $\sigma'=60$ MPa,$\sigma''=-60$ MPa。试求作用在杆件上的外力偶矩 M_e。

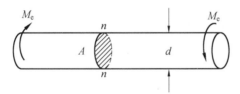

题 4.19 图

4.20　受扭圆杆如图所示,已知 $d=100$ mm,$M_e=5$ kN · m,材料的弹性模量 $E=2\times10^5$ MPa,泊松比 $\mu=0.3$。试求横截面边缘处 A 点与水平线成45°方向的线应变。

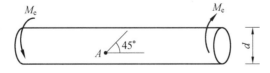

题 4.20 图

4.21　构件受力如图所示。试求:(1)确定危险点的位置。(2)用单元体表示危险点的应力状态。

4.22　图示钢轴所受扭转力偶矩分别为 $M_{e_1}=0.8$ kN · m,$M_{e_2}=1.2$ kN · m 及 $M_{e_3}=0.4$ kN · m。已知 $l_1=0.3$ m,$l_2=0.7$ m,$[\tau]=50$ MPa,$[\theta]=0.25(°)/$m,$G=80$ GPa。试求轴的直径。

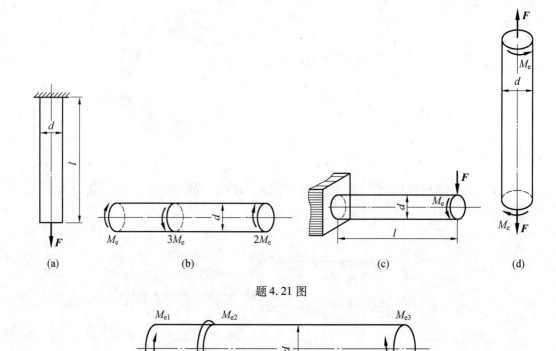

題 4.21 图

題 4.22 图

第 **5** 章

弯曲内力

本章主要讨论平面弯曲梁横截面上的内力,列内力方程,画内力图,以及载荷与内力之间的关系等问题,本章是梁的强度计算与刚度计算的基础。

5.1 工程中的弯曲问题

当作用在杆件上的外力或外力偶的矩矢与杆件轴线垂直时,杆的轴线由直线变为曲线,这种变形称为弯曲,如图 5.1 所示,以弯曲变形为主的杆件通常称为梁。

在工程实际中,受弯杆件是极为常见的。例如,如图 5.2、图 5.3(a)、图 5.3(b)、图 5.4 所示,房屋建筑中的楼板梁,桥式起重机的大梁、在车厢载荷作用下的火车轮轴,在水压作用下的水槽壁等都是受弯杆件。某些机械传动中的构件,例如齿轮轴,在产生扭转变形的同时,往往也有弯曲变形,这属于组合变形的问题。

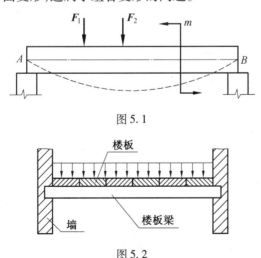

图 5.1

图 5.2

工程问题中,如图 5.5 所示,常用梁的横截面通常多采用对称形状,如圆形、矩形、工字形、T 形等,其中的 y 轴均为纵向对称轴,由纵向对称轴和梁的轴线所组成的平面称为纵向对称面,如图 5.6 所示。如果梁上的所有外载荷均作用在纵向对称面内,梁的轴线将在纵向对称面内由直线弯曲成平面曲线,这种弯曲称为平面弯曲(或对称弯曲)。平面弯曲是弯曲变形中最简单、最基本的情况,下面的讨论将限于梁的平面弯曲。

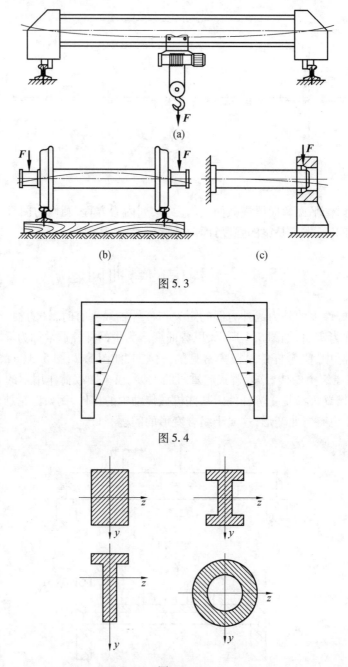

(a)

(b)   (c)

图 5.3

图 5.4

图 5.5

工程中,通常将一受力构件抽象为力学上的计算简图,常见梁的计算简图有下列 3 种形式:

(1)悬臂梁。梁的一端为固定端,另一端为自由端,如图 5.7(a)所示。

(2)简支梁。梁的一端为固定铰支座,另一端为可动铰支座,如图 5.7(b)所示。

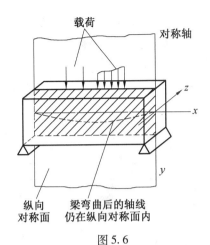

图 5.6

（3）外伸梁。梁的一端或两端伸出铰支座外,如图 5.7（c）、（d）所示。

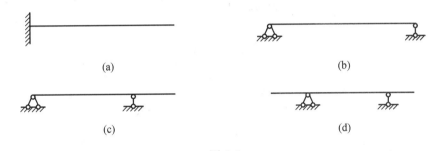

图 5.7

上述 3 种梁的支座约束力均可利用平衡条件求出,这 3 种形式的梁称为静定梁,如果仅用平衡方程不能求出梁的全部未知力,这种梁称为超静定梁,也称静不定梁。如图 5.8 所示,为超静定梁。

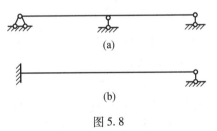

图 5.8

5.2　梁的剪力与弯矩　剪力图与弯矩图

与发生轴向拉压及扭转变形的构件一样,梁在弯曲时其横截面上也有内力。为进行梁的强度和刚度计算,必须首先确定梁的内力。下面研究梁横截面上的内力。

图 5.9（a）为一简支梁,其上作用有 3 个集中载荷,此梁在载荷及支座反力的共同作用下处于平衡状态,现讨论距 A 端 x 处横截面 $m\text{-}m$ 上的内力。

研究弯曲内力仍采用截面法。首先,根据梁的整体平衡求得约束力 $\boldsymbol{F}_A$ 和 $\boldsymbol{F}_B$,然后用

一假想截面沿 m-m 将梁截为两部分,取左段为研究对象,如图 5.9(b)所示。由分离体的平衡条件可知,在横截面上必然存在一个切于横截面的内力分量,称为剪力,用 F_Q 表示。还有,为保持该段梁不发生转动,在横截面上必然存在一个位于载荷平面内的内力偶,该力偶矩称为弯矩,用 M 表示。由此可见,梁发生弯曲时横截面上一般存在两个内力——剪力和弯矩。

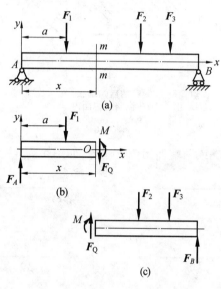

图 5.9

剪力 F_Q 和弯矩 M 的大小、方向或转向,可根据所取研究对象的平衡方程来确定。现仍考虑左段梁的平衡,由 $\sum F_y = 0$,$\sum M_O = 0$ 和

$$F_A - F_1 - F_Q = 0$$
$$-F_A x + F_1(x-a) + M = 0$$

解得
$$F_Q = F_A - F_1$$
$$M = F_A x - F_1(x-a)$$

其中,力矩中心 O 为 m-m 截面形心。

若取右段梁为研究对象,用同样的方法也可求得截面 m-m 上的剪力 F_Q 和弯矩 M,如图 5.9(c)所示。其值与通过左段梁求得的完全相同,但方向相反。

截面上的内力是有方向的,为了区分,其正负号规则如下:

(1)使微段梁发生左上右下相对错动的剪力为正,反之为负,如图 5.10(a)所示;

(2)使微段梁弯曲成凹形的弯矩为正,弯曲成凸形的弯矩为负,如图 5.10(b)所示。

应用上述正负号规则求内力时,不论保留截面左侧还是右侧分离体,同一截面上内力的符号总是一致的。按此规定,图 5.9 所示的 m-m 截面上的剪力和弯矩均为正值。

梁横截面上的内力是随截面位置而变化的,在梁的强度和刚度计算中,常常需要知道梁各横截面上的内力随截面位置的变化情况。为了描述其变化规律,可以用坐标 x 表示截面沿梁轴线的位置,则梁各横截面上的剪力和弯矩就可以表示成 x 的函数,分别称为剪力方程和弯矩方程。

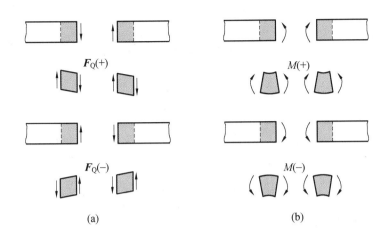

图 5.10

$$F_Q = F_Q(x) , \qquad M = M(x)$$

为了更直观地表示剪力和弯矩沿梁轴线的变化规律,可将剪力方程和弯矩方程分别用图形表示出来,分别称为剪力图和弯矩图。利用剪力图和弯矩图易于确定梁的最大剪力和最大弯矩,以及梁危险截面的位置。列剪力方程和弯矩方程,画剪力图和弯矩图是梁的强度和刚度计算中的重要环节。作剪力图和弯矩图的方法与作轴力图及扭矩图的方法类似,以横坐标 x 表示梁的截面位置,纵坐标表示剪力与弯矩的数值。将正的剪力和弯矩画在 x 轴上方,负的剪力画在 x 轴下方。下面通过例题来说明这个方法。

【例 5.1】 如图 5.11(a)所示一悬臂梁 AB,右端固定,自由端受集中力 F 作用。列出梁 AB 的剪力方程和弯矩方程,并画其剪力图和弯矩图。

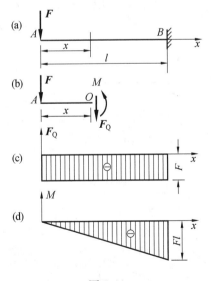

图 5.11

解 (1)建立剪力方程和弯矩方程。

取距左端为 x 的一横截面假想地将梁截开,取左段为分离体,并设截面上的剪力 F_Q 和弯矩 M 为正方向,如图 5.11(b)所示。由分离体的平衡列平衡方程:

$$\sum F_y = 0, \quad -F_Q - F = 0$$

得 $\qquad F_Q = -F \quad (0 < x < l)$ （a）

由 $\qquad \sum M_O = 0, \quad Fx + M = 0$

得 $\qquad M = -Fx \quad (0 \leqslant x < l)$ （b）

（2）画剪力图和弯矩图

根据梁的剪力方程和弯矩方程画出剪力图和弯矩图，如图 5.11（c）、（d）所示。由图可见，各横截面上的剪力相同，其绝对值为 F；最大弯矩发生在 B 截面，其值为

$$|M|_{max} = Fl$$

由于在剪力图和弯矩图中的坐标比较明确，因此习惯上往往可以不再将坐标轴画出，在以下各例中也略去不画。

从上述剪力和弯矩的计算过程中，我们得到这样一个规律：截面上的剪力值等于作用在该截面任一侧梁上横向力的代数和，其中截面左侧梁上的外力向上取正值，向下取负值；截面右侧梁上的外力向下取正值，向上取负值；截面上的弯矩值等于作用在该截面任一侧梁上的外力向截面形心取矩的代数和，其中截面左侧梁上外力对截面形心的力矩顺时针转向取正值，逆时针转向取负值；截面右侧外力对截面形心的力矩则逆时针转向取正值，顺时针转向取负值。可以将这个规则归纳为：与所设弯矩、剪力正方向同向的为负，反向的为正。

由剪力图看出，集中力作用的截面两侧剪力有一突变，突变值等于集中力的大小，弯矩斜率发生变化；由弯矩图可以看出，在集中力偶作用的截面弯矩有一突变，突变值等于集中力偶的大小，剪力图无变化。

【例 5.2】 如图 5.12（a）所示为一简支梁，在 C 处作用一集中力 F，画该梁的剪力图和弯矩图。

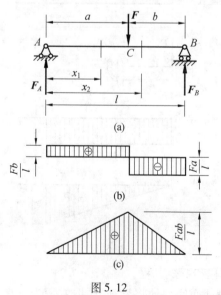

图 5.12

分析:画此梁的内力图时不同于前两例,其特点是:内力在全梁范围内不能用一个统一的函数式来表达,必须以 F 的作用点 C 为界分段列内力方程,还需分段画出内力图。

解 (1)求支座约束力。

以整个梁为研究对象,由平衡方程 $\sum F_y = 0$,$\sum M_A = 0$ 可求得

$$F_A = \frac{Fb}{l}, \quad F_B = \frac{Fa}{l}$$

(2)列剪力方程和弯矩方程。

AC 段:在距 A 端 x_1 处取一横截面,列剪力方程和弯矩方程

$$F_{Q1} = F_A = \frac{Fb}{l} \quad (0 < x_1 < a) \tag{a}$$

$$M_1 = F_A x_1 = \frac{Fb}{l} x_1 \quad (0 \leqslant x_1 \leqslant a) \tag{b}$$

CB 段:求 CB 段内任一截面上的剪力和弯矩时,取右段梁来计算较简单。在距 A 端 x_2 处取一横截面,列剪力方程和弯矩方程

$$F_{Q2} = -F_B = -\frac{Fa}{l} \quad (a < x_2 < l) \tag{c}$$

$$M_2 = F_B(l - x_2) = \frac{Fa}{l}(l - x_2) \quad (a \leqslant x_2 \leqslant l) \tag{d}$$

(3)画剪力图和弯矩图。

由式(a)、(c)知,AC 和 CB 两段梁的剪力图均为水平线;由式(b)、(d)知,这两段梁的弯矩图均为斜直线。确定直线两端点的坐标后,可作出梁的剪力图和弯矩图如图5.12(b)、(c)所示。

【例 5.3】 如图 5.13(a)所示为一简支梁 AB,在 C 处作用一集中力偶 M_e,画该梁的剪力图和弯矩图。

解 (1)求支座约束力。

由平衡方程:

$$\sum M_A = 0, \quad M_e + F_B l = 0$$

$$\sum M_B = 0, \quad -F_A l + M_e = 0$$

得

$$F_B = -\frac{M_e}{l}, \quad F_A = \frac{M_e}{l}$$

F_B 为负值,表示实际方向与图设方向相反。实际上 F_A 和 F_B 正好构成一个力偶与外力偶相平衡。

(2)列剪力方程和弯矩方程。

AC 段:

$$F_{Q1} = F_A = \frac{M_e}{l} \quad (0 < x_1 \leqslant a) \tag{a}$$

$$M_1 = F_A x_1 = \frac{M_e}{l} x_1 \quad (0 \leqslant x_2 < a) \tag{b}$$

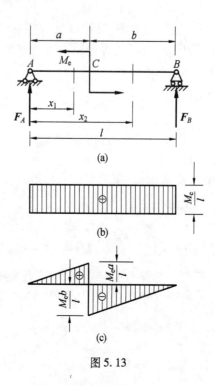

图 5.13

CB 段：

$$F_{Q2} = F_A = \frac{M_e}{l} \quad (a \leq x_2 < l) \tag{c}$$

$$M_2 = F_A x_2 - M_e = \frac{M_e}{l} x_2 - M_e \quad (a < x_2 \leq l) \tag{d}$$

(3)画剪力图和弯矩图。

由式(a)、(c)知,AC 段和 CB 段各横截面上的剪力相同,两段的剪力图为同一水平线;由式(b)、(d)知,这两段梁的弯矩图均为斜直线。确定直线两端点的坐标后,画出梁的剪力图和弯矩图如图 5.13(b)、(c)所示。

5.3　载荷、剪力及弯矩间的关系

由前面的例题 5.3 可见,将弯矩方程对 x 求导数得到的是剪力的值,而将剪力方程对 x 求导数,得到的是载荷集度的值。这种关系不是偶然的,而是普遍存在的。如果能找到反映剪力、弯矩和载荷三者之间的关系式,将有利于内力的计算和内力图的绘制与校核。下面推导三者之间的关系。

一直梁如图 5.14(a)所示,梁上均布载荷的集度 $q(x)$ 是 x 的连续函数。从梁中取长度为 dx 的微段,如图 5.14(b)所示。微段左截面的剪力和弯矩分别是 $F_Q(x)$ 和 $M(x)$。当坐标 x 有一增量 dx 时,$F_Q(x)$ 和 $M(x)$ 的相应增量是 $dF_Q(x)$ 和 $dM(x)$。所以,微段右截面的剪力和弯矩为 $F_Q(x)+dF_Q(x)$ 和 $M(x)+dM(x)$。因梁整体平衡,这一微段也满足平衡方程 $\sum F_y = 0$ 和 $\sum M_C = 0$,得

$$F_Q(x) - [F_Q(x) + dF_Q(x)] + q(x)dx = 0$$

$$-M(x) + [M(x) + dM(x)] - F_Q(x)dx - q(x)dx \cdot \frac{dx}{2} = 0$$

略去第二式中的二阶微量 $q(x)dx \cdot \dfrac{dx}{2}$，化简后得

$$\frac{dF_Q(x)}{dx} = q(x) \tag{5.1}$$

$$\frac{dM(x)}{dx} = F_Q(x) \tag{5.2}$$

如将式(5.2)对 x 取导数，并利用式(5.1)，又可得

$$\frac{d^2M(x)}{dx^2} = \frac{dF_Q(x)}{dx} = q(x) \tag{5.3}$$

式(5.1)、式(5.2)和式(5.3)表示了直梁的 $q(x)$、$F_Q(x)$ 和 $M(x)$ 间的微分关系式。这种关系对于梁的内力分析、作剪力图、弯矩图以及建立梁的切应力计算公式都有重要意义。

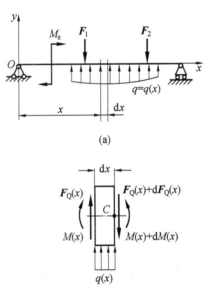

图 5.14

根据导数的几何意义，函数的一阶导数表示函数图形在该点处切线的斜率。于是，式(5.1)的几何意义为：剪力图上某点处切线的斜率等于梁上该点处的分布载荷集度 $q(x)$；式(5.2)的几何意义为：弯矩图上某点切线的斜率等于梁上该点处截面上的剪力。由于函数图像的凹凸可由函数二阶导数的正负确定，因此，由式(5.3)可知，弯矩图的凹凸取决于分布载荷 $q(x)$ 的正负。

在集中力 F 作用的截面附近，假想截出长为 Δx 的线段，由 $\sum F_y = 0$ 可得 $\Delta F_Q = F$，及微段左右两个截面剪力的突变值为集中力 F 的大小。同理可证，在集中力偶作用截面的左右两侧弯矩有一突变，突变值的大小为集中力偶 M_e 的大小。

　　根据上述关系,可以得出外力与剪力图和弯矩图之间的规律:

　　(1) $q(x)=0$ 的情况。

　　由 $\dfrac{\mathrm{d}F_Q(x)}{\mathrm{d}x}=q(x)=0$ 可知,$F_Q(x)=$ 常数,故该段剪力图是平行于 x 轴的直线。由 $\dfrac{\mathrm{d}M(x)}{\mathrm{d}x}=F_Q(x)=$ 常数可知,$M(x)$ 是 x 的一次函数,故该段弯矩图是斜直线。

　　(2) $q(x)=$ 常数的情况。

　　由 $q(x)=$ 常数可知,$\dfrac{\mathrm{d}F_Q(x)}{\mathrm{d}x}=q(x)=$ 常数,$F_Q(x)$ 是 x 的一次函数,因而这段剪力图是斜直线。由 $\dfrac{\mathrm{d}M(x)}{\mathrm{d}x}=F_Q(x)$ 及 $F_Q(x)$ 是 x 的一次函数可知,$M(x)$ 是 x 的二次函数,故弯矩图是抛物线。

　　若分布载荷 $q(x)$ 向下,则因 $\dfrac{\mathrm{d}^2M(x)}{\mathrm{d}x^2}=q(x)<0$,这表明弯矩图应为向上凸的曲线。反之,若分布载荷向上,则弯矩图应为向下凸的曲线。

　　在 $F_Q(x)=\dfrac{\mathrm{d}M(x)}{\mathrm{d}x}=0$ 的截面,因为 $\dfrac{\mathrm{d}M(x)}{\mathrm{d}x}=F_Q(x)=0$,所以弯矩有极值。

　　(3)集中力作用的截面,剪力图有突变,突变值等于集中力的值,弯矩图有折点;集中力偶作用的截面,弯矩图有突变,突变值等于集中力偶的值,剪力图无变化。

　　利用三者间的微分关系绘出梁在载荷作用下的剪力图和弯矩图的步骤如下:

　　(1)计算支座约束力。

　　(2)确定控制截面的个数,根据其个数将梁分段,并计算几个控制截面的剪力值和弯矩值。控制截面包括:支座处、集中力、集中力偶、分布载荷的起点和终点以及剪力为零的截面。

　　(3)根据微分关系确定各段剪力图和弯矩图的形状,按照确定的形状将控制截面间的数值连线,即可绘出梁的剪力图和弯矩图。

　　【例5.4】　如图5.15(a)所示一简支梁受集中力,试用微分关系画出其剪力图与弯矩图,并确定剪力和弯矩绝对值的最大值 $|F_Q|_{\max}$ 和 $|M|_{\max}$。

　　解　(1)确定控制截面及其 F_Q、M 数值。

　　从梁的受力图看出,有两个集中力作用,这两个力将梁分成三段,这三段的剪力和弯矩变化是不一样的。所以,可以确定 A、B、C、D、E、F 为控制截面,其上剪力和弯矩数值为

　　A 截面:$F_Q=2\ 330\ \mathrm{kN}$,$M=0$;

　　B 截面:$F_Q=2\ 330\ \mathrm{kN}$,$M=233\ \mathrm{kN\cdot m}$;

　　C 截面:$F_Q=-2\ 670\ \mathrm{kN}$,$M=233\ \mathrm{kN\cdot m}$;

　　D 截面:$F_Q=-2\ 670\ \mathrm{kN}$,$M=-33\ \mathrm{kN\cdot m}$;

　　E 截面:$F_Q=330\ \mathrm{kN}$,$M=-33\ \mathrm{kN\cdot m}$;

　　F 截面:$F_Q=330\ \mathrm{kN}$,$M=0$。

　　将这些数值分别标在剪力图和弯矩图中。

　　(2)根据微分关系连线。

　　由于全梁 $q(x)=0$,所以根据 $\mathrm{d}F_Q(x)/\mathrm{d}x=q(x)=0$,及 $\mathrm{d}^2M(x)/\mathrm{d}x^2=0$ 可知各段剪力图均为平行于 x 轴的直线,各段弯矩图均为斜直线。于是将各控制截面的剪力数值连接

即得剪力图,如图 5.15(b)所示;将各控制截面的弯矩数值连接即得弯矩图,如图 5.15(c)所示。可以看出 $|F_Q|_{max} = 2\,670$ kN,$|M|_{max} = 233$ kN·m。

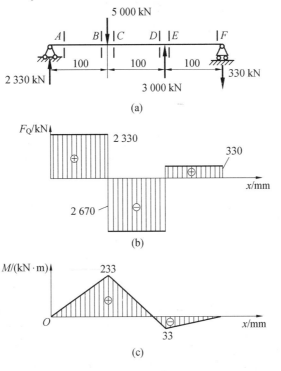

图 5.15

【例 5.5】 如图 5.16(a)所示一简支梁受集中力和集中力偶的作用,试根据微分关系画出其剪力图与弯矩图,并确定 $|F_Q|_{max}$ 和 $|M|_{max}$。

解 (1)确定控制面及其剪力和弯矩数值。

本题有 A、B、C、D、E、F 共 6 个控制截面,应用截面法求得这些控制截面上的数值分别为:

A 截面:$F_Q = -17.8$ kN,$M = 0$;

B 截面:$F_Q = -17.8$ kN,$M = -26.7$ kN·m;

C 截面:$F_Q = -17.8$ kN,$M = -6.7$ kN·m;

D 截面:$F_Q = -17.8$ kN,$M = -33.3$ kN·m;

E 截面:$F_Q = 22.2$ kN,$M = -33.3$ kN·m;

F 截面:$F_Q = 22.2$ kN,$M = 0$。

将这些数值分别标在 OF_Qx 和 OMx 坐标中。

(2)根据微分关系连线。

由于全梁 $q(x) = 0$,所以各段剪力图均为平行于 x 轴的直线,各段弯矩图均为斜直线。这些直线可由控制截面上的 F_Q、M 值直接连线,得到如图 5.16(b)、(c)所示的剪力图和弯矩图。

从图中可以看出,剪力和弯矩的绝对值最大值分别为

$$|F_Q|_{max} = 22.2 \text{ kN}, \qquad |M|_{max} = 33.3 \text{ kN·m}$$

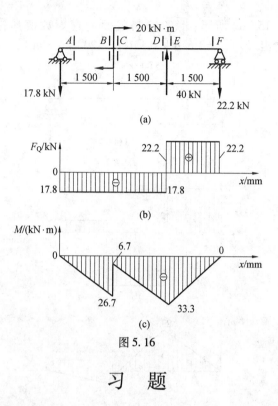

图 5.16

习　题

5.1　试求图示各梁中指定截面上的剪力及弯矩,其中 1–1、2–2、3–3 截面无限接近于截面 B 或截面 C。

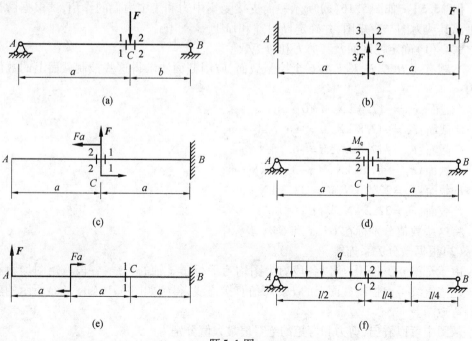

题 5.1 图

5.2 试利用载荷、剪力和弯矩间的关系检查图示剪力图和弯矩图,并将错误处加以改正。

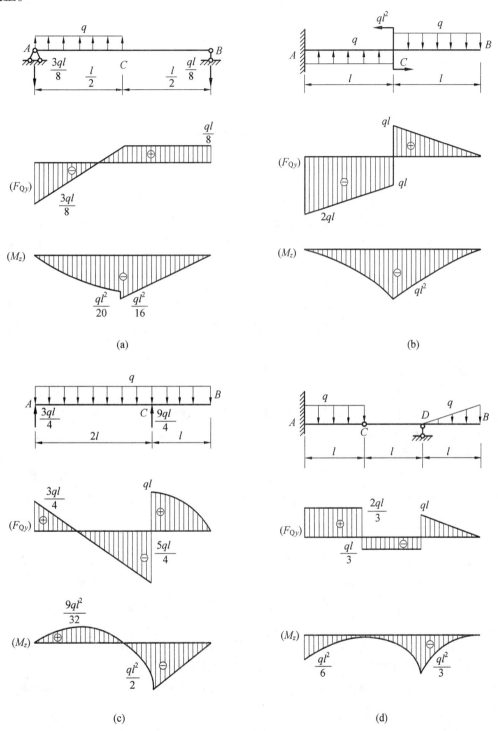

(a)

(b)

(c)

(d)

题 5.2 图

第6章

弯曲应力

第5章中已经介绍了如何分析梁上的剪力和弯矩分布以确定危险截面,本章将在此基础上,进一步研究平面弯曲梁横截面上的应力,与剪力和弯矩两个内力分量相对应,梁横截面上有连续且不均匀分布的正应力和切应力,应力最大的点将最先发生失效,这就是"危险点"。通过研究,找出应力分布规律,推导出应力计算公式,从而解决梁的强度计算问题。

6.1 平面弯曲梁横截面上的正应力

在推导梁的正应力公式时,为了便于研究,我们从纯弯曲的情况入手。

1.纯弯曲的概念

一般情况下,梁受外力而发生弯曲时,横截面上同时作用有剪力和弯矩,剪力 F_Q 只与切应力 τ 相关,弯矩 M 只与横截面上的正应力 σ 有关。梁横截面上既有剪力又有弯矩的情况称为横力弯曲或剪切弯曲,而梁横截面上只产生弯矩而无剪力的情况称为纯弯曲。在图6.1中,简支梁上的两个外力 F 对称地作用于梁的纵向对称面内。从图中看出,AC 和 DB 两段属于剪切弯曲,CD 段为纯弯曲。例如,火车轮轴在两个车轮之间的一段就是纯弯曲。

2.纯弯曲时的正应力

设在梁的纵向对称面内,作用大小相等、方向相反的力偶,构成纯弯曲。这时梁的横截面上只有弯矩,因而只有与弯矩相关的正应力。同研究圆轴扭转横截面上的切应力分析一样,也是从综合考虑几何、物理和静力三方面关系,研究纯弯曲时的正应力。

(1)变形几何关系。

我们首先通过观察变形找出与正应力相应的纵向线应变的变化规律。

取一根具有纵向对称面的直梁,并在变形前的梁的侧面作纵向线 aa 和 bb,及横向线 mm 和 nn(图6.2(a)),然后在梁的两端加一对转向相反且作用在纵向对称面内的外力偶使梁发生纯弯曲变形(图6.2(b))。

对比梁变形前与变形后的形状,发现:纵向线 aa 和 bb 在变形后弯成了弧线,并且靠顶面的纵向线 aa 缩短了,靠底面的纵向线 bb 伸长了。但横向线 mm 和 nn 在变形后仍为直线,相对旋转一定角度后,且仍然与弯曲的纵向线 *aa* 和 *bb* 保持正交。根据所观察的试验结果,对内部变形进行推理,做出假设:梁的横截面变形前为平面,变形后仍保持为平面,且仍然与变形后的梁轴线保持正交,这就是弯曲变形的平面假设。根据这个假设得出的理论结果,在长期工程实践中,符合实际情况,经得住实践的检验。而且,在纯弯曲的情况下,与弹性力学的理论结果也是一致的。

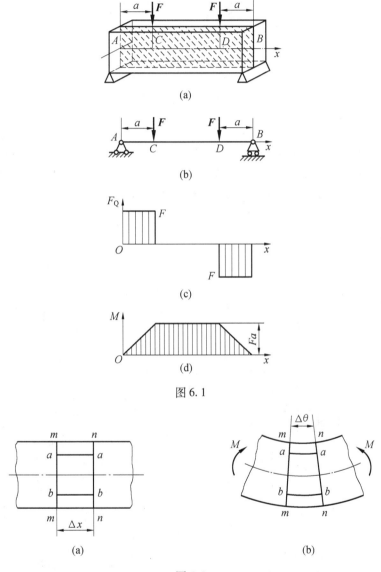

图 6.1

图 6.2

设想梁由平行于轴线的一条条纵向纤维所组成,且各纵向纤维间互不挤压。发生弯曲变形后,如图 6.3 所示凸向下的弯曲,要引起靠底面的纤维伸长,靠顶面的纤维缩短。根据变形的连续性,由底面纤维的伸长连续地逐渐变为顶面纤维的缩短,中间必有一层纵向纤维的长度不变,这层纤维称为中性层。中性层与横截面的交线称为中性轴。由于外力偶作用在梁的纵向对称面内,故梁变形后的形状也应对称于此面,因此中性轴必然垂直于横截面的对称轴。

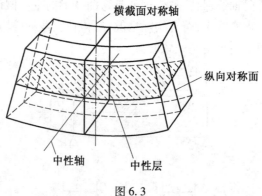

图 6.3

取一微段梁 dx,变形前后分别如图 6.4(a)、(b)所示。以梁横截面的对称轴为 y 轴,设向上为正。以中性轴为 z 轴,但中性轴的位置尚待确定。设微段左右两个横截面绕中性轴相对旋转了一个角度 $d\theta$,中性层的曲率半径为 ρ,则距中性层为 y 的纤维 aa 的长度为

$$a'a' = (\rho - y)d\theta$$

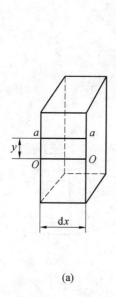

(a)

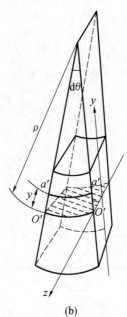

(b)

图 6.4

因为变形前、后中性层 OO 的长度不变,故有

$$\overline{aa} = dx = \overline{OO} = \overline{O'O'} = \rho d\theta$$

由此得距中性层为 y 处的任一层纵向纤维的线应变为

$$\varepsilon_x = \frac{(\rho - y)d\theta - \rho d\theta}{\rho d\theta} = -\frac{y}{\rho} \tag{a}$$

可见,纵向纤维线应变与它到中性层的距离成正比。当 y 为正值时,应变为负, y 为负时,应变为正。

(2)物理关系。

因梁在变形过程中纵向纤维之间无挤压,每一纤维都是单向拉伸或压缩,且材料拉、压弹性模量 E 相等。则当应力小于比例极限时,由胡克定律

$$\sigma_x = E\varepsilon_x = -E\frac{y}{\rho} \tag{b}$$

(3)静力学关系。

上面所得到的式(b)只说明了正应力的分布规律,但因中性轴的位置及中性层的曲率 $\frac{1}{\rho}$ 尚未确定,还不能用于正应力的计算,所以还需考虑横截面上正应力应满足的静力学关系才能解决。

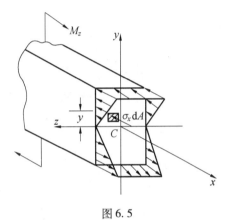

图 6.5

如图 6.5 所示,作用于微面积 dA 上的法向内力分量 $\sigma_x dA$,横截面上各处的法向内力分量构成了一个空间平行力系,正应力应满足 $\sum F_x = 0$, $\sum M_y = 0$, $\sum M_z = 0$ 三个平衡条件。

$$\int_A \sigma_x dA = 0 \tag{c}$$

$$\int_A z\sigma_x dA = 0 \tag{d}$$

$$\int_A y\sigma_x dA = M \tag{e}$$

下面讨论由以上三式而得到的结论。

将式(b)代入式(c),得

$$\int -E\frac{y}{\rho}dA = -\frac{E}{\rho}\int_A y dA = 0$$

式中, $\int_A y dA = y_C \cdot A = S_z$ 为截面图形对 z 轴的静矩,由于 $\frac{E}{\rho}$ 不可能为零,故应有 $S_z = y_C \cdot A = 0$。显然,式中 $A \neq 0$,故必有截面形心的坐标 $y_C = 0$。这表明,中性轴通过截面形心,是形心轴。这样,就确定了中性轴的位置。

将式(b)代入式(d),得

$$\int_A - z\left(E\frac{y}{\rho}\right)\mathrm{d}A = -\frac{E}{\rho}\int_A yz\mathrm{d}A = 0$$

式中 $\int_A yz\mathrm{d}A$——横截面对 y、z 轴的惯性积,以 I_{yz} 表示,由于 y 轴为对称轴,该惯性积为零,平衡条件 $\sum M_y = 0$ 满足。

$$\int_A - y\left(E\frac{y}{\rho}\right)\mathrm{d}A = -\frac{E}{\rho}\int_A y^2\mathrm{d}A = M$$

式中 $\int_A y^2\mathrm{d}A$——横截面对 z 轴的惯性矩,用 I_z 表示。

则上式表示为

$$\frac{EI_z}{\rho} = M$$

由此得梁弯曲时中性层的曲率为

$$\frac{1}{\rho} = \frac{M}{EI_z} \tag{6.1}$$

上式表明,在指定横截面,中性层的曲率 $\frac{1}{\rho}$ 与该截面的弯矩 M 成正比,与 EI_z 成反比。在相同弯矩 M 的作用下,EI_z 越大,曲率越小,梁越不易变形,故 EI_z 称为梁的抗弯刚度。此式为梁的变形计算奠定了基础。

再将式(6.1)代入式(b),最后得到

$$\sigma_x = -\frac{M}{I_z}y \tag{6.2}$$

上式(6.2)即为纯弯曲梁横截面上任一点处的正应力计算公式。上式表明,横截面上的正应力 σ_x 与该截面上的弯矩 M 成正比,与横截面的惯性矩 I_z 成反比,正应力沿截面高度方向呈线牲分布。在中性轴上,各点处的正应力为零;在中性轴的上下两侧,一侧受拉,另一侧受压,离中性轴越远处的正应力越大,如图6.5所示。

需要注意的是应用式(6.2)时,M 和 y 可以直接代数值,以所得结果的正负来判别应力的拉压。但在实际计算中,可以只代 M 和 y 的绝对值,再根据梁的变形情况及弯矩的正负来判断 σ_x 是拉应力还是压应力,即当弯矩为正时,以中性轴为界,中性轴以下部分受拉,以上部分受压;弯矩为负时,则相反。

3. 弯曲正应力公式的适用条件和范围

(1)式(6.2)是在平面弯曲情况下推导出来的,它不适用于非平面弯曲的情况。

(2)在推导式(6.2)的过程中,使用了胡克定律,因此,当梁的材料不服从胡克定律或正应力超过了材料的比例极限时,此式则不再适用。

(3)虽然在分析中我们把梁的横截面设成矩形,但推导中并没有用到矩形截面的几何性质。所以,只要梁横截面有一个对称轴,而且载荷作用在对称轴所在的纵向对称面内,公式都适用。

(4)式(6.2)是在纯弯曲条件下推导出来的,它的基础是平面假设和纵向纤维间互不挤压。在剪切弯曲的情况下,由于横截面上切应力的影响,此时截面将发生翘曲,不再为一平面。另一方面由于横向力的作用,各纵向纤维出现互相挤压作用。但精确的理论分析和大量试验证明,对于梁的跨度与截面高度之比 $\dfrac{l}{h}>5$ 的梁,按式(6.2)计算的结果误差很小,能满足工程要求。例如,受均布载荷的矩形截面简支梁,当 $\dfrac{l}{h}=5$ 时,误差仅为 1%。因此,式(6.2)可以推广应用于剪切弯曲的情况。

(5)式(6.2)适用于直梁,而不适用于曲梁,但可近似地用于曲率半径远大于截面高度的曲梁,对变截面梁也可近似地应用。

6.2　梁弯曲时的正应力强度计算

由式(6.2)可知,对某一横截面来说,最大正应力发生在距中性轴最远的点上。用 $|y|_{\max}$ 表示距中性轴最远点的距离,则最大弯曲正应力的绝对值为

$$|\sigma_x|_{\max}=\frac{|M_z|}{I_z}|y|_{\max}=\frac{M_z}{I_z/|y|_{\max}}$$

式中的 I_z 和 $|y|_{\max}$ 都是与截面形状、尺寸有关的几何量,可以令

$$\frac{I_z}{|y|_{\max}}=W_z$$

式中　W_z——抗弯截面模量。

这样,梁横截面上最大正应力的计算式可表示为

$$\sigma_{\max}=\frac{M}{W_z}\tag{6.3}$$

由附录A内容可知几种简单截面图形的抗弯截面模量:

矩形截面:

$$W_z=\frac{I_z}{y_{\max}}=\frac{bh^3/12}{h/2}=\frac{bh^2}{6}$$

实心圆截面:

$$W_z=\frac{I_z}{y_{\max}}=\frac{\dfrac{\pi D^4}{64}}{\dfrac{D}{2}}=\frac{\pi D^3}{32}$$

空心圆截面:

$$W_z=\frac{I_z}{y_{\max}}=\frac{\dfrac{\pi D^4}{64}(1-\alpha^4)}{\dfrac{D}{2}}=\frac{\pi D^3}{32}(1-\alpha^4)$$

与轴向拉伸与压缩的强度失效类似,对于韧性材料或脆性材料制成的梁,当梁危险截面上的最大正应力达到材料的屈服强度 σ_s 或强度极限 σ_b 时,便认为梁发生强度失效,其中 σ_s 和 σ_b 都是由拉伸试验确定的。实际工程中,为了保证梁更安全,梁的危险截面上的

最大正应力必须小于许用应力许用应力等于 σ_s 或 σ_b 除以一个大于 1 的安全因数。于是有

$$\sigma_{max} \leqslant \frac{\sigma_s}{n_s} = [\sigma] \tag{6.4a}$$

$$\sigma_{max} \leqslant \frac{\sigma_s}{n_b} = [\sigma] \tag{6.4b}$$

式中　$[\sigma]$——弯曲许用应力;

　　n_s、n_b——对应于屈服强度和强度极限的安全因数。

根据梁的弯曲强度设计准则,进行弯曲强度计算的一般过程为:

(1)根据梁的约束性质,分析梁的受力,确定约束力。

(2)画出梁的弯矩图,根据弯矩图,确定可能的危险截面。

(3)根据应力分布和材料的拉伸与压缩强度性能是否相等,确定可能的危险点。

对于拉、压性能相同的塑性材料,最大拉应力与最大压应力作用点具有相同的危险性,一般只需校核一次;对于抗拉和抗压性能不同的脆性材料,需要对梁内的最大拉应力和最大压应力分别进行校核,其弯曲正应力强度条件为

$$\sigma_{max}^t \leqslant [\sigma_t]$$
$$\sigma_{max}^c \leqslant [\sigma_c]$$

式中　$[\sigma_t]$、$[\sigma]_c$——材料的许用拉应力和许用压应力。

对于变截面梁,应综合考虑弯矩和截面尺寸的变化,判断危险截面,其弯曲正应力强度条件为

$$\sigma_{max} = \left(\frac{M}{W_z}\right)_{max} \leqslant [\sigma] \tag{6.5}$$

利用梁的强度条件仍然可以解决三类问题:强度校核、设计截面尺寸、确定许用载荷。下面分别举例。

【例 6.2】　如图 6.6(a)所示一 T 形截面铸铁梁,已知 $F_1 = 8$ kN,$F_2 = 20$ kN,$a = 0.6$ m,$I_z = 5.33 \times 10^6$ mm^4,$[\sigma_t] = 60$ MPa,$[\sigma_c] = 150$ MPa,试校核梁的强度。

解　(1)求约束力。

由静力平衡条件求得梁的支座约束力为

$$F_A = 22 \text{ kN}, \quad F_B = 6 \text{ kN}$$

(2)作剪力图、弯矩图。

由图可知截面 A 或 C 可能为危险截面:

$$M_A = -4.8 \text{ kN} \cdot \text{m}, \quad M_C = 3.6 \text{ kN} \cdot \text{m}$$

(3)校核强度。

$$\sigma_{Ac} = \frac{M_A y_1}{I_z} = \frac{4.8 \times 10^3 \times 80 \times 10^{-3}}{5.33 \times 10^6 \times 10^{-12}} \text{Pa} = 72 \times 10^6 \text{ Pa} = 72 \text{ MPa} < [\sigma_c] = 150 \text{ MPa}$$

$$\sigma_{At} = \frac{M_A y_2}{I_z} = \frac{4.8 \times 10^3 \times 40 \times 10^{-3}}{5.33 \times 10^6 \times 10^{-12}} \text{Pa} = 36 \times 10^6 \text{ Pa} = 36 \text{ MPa} < [\sigma_t] = 60 \text{ MPa}$$

$$\sigma_{Ct} = \frac{M_C y_1}{I_z} = \frac{3.6 \times 10^3 \times 80 \times 10^{-3}}{5.33 \times 10^6 \times 10^{-12}} \text{Pa} = 54 \times 10^6 \text{ Pa} = 54 \text{ MPa} < [\sigma_t] = 60 \text{ MPa}$$

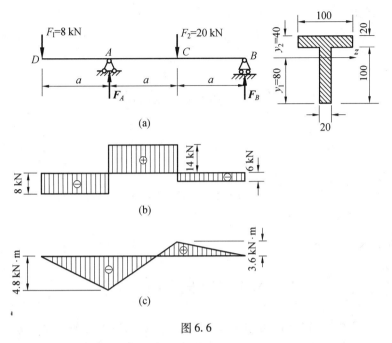

(a)

(b)

(c)

图 6.6

由此,各处均满足强度条件。

【例 6.3】　如图 6.7(a)所示一矩形截面木梁,已知 $F=10$ kN,$a=1.2$ m,木材的许用应力 $[\sigma]=10$ MPa,梁横截面的高宽比为 $h/b=2$,试确定梁的截面尺寸。

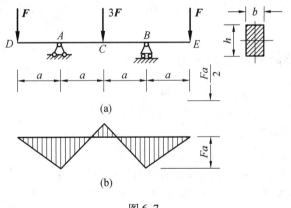

图 6.7

解　(1)求约束力。

由静力平衡条件求得梁的支座约束力为

$$F_A=F_B=\frac{5}{2}F=25 \text{ kN}$$

(2)作弯矩图。

梁的弯矩图如图 6.7(b)所示,由图可知最大弯矩为

$$M_{max}=Fa=10 \text{ kN}\times1.2 \text{ m}=12 \text{ kN}\cdot\text{m}$$

(3)确定截面尺寸。

由强度条件

$$\frac{M_{\max}}{W_z} \leqslant [\sigma]$$

得

$$W_z \geqslant \frac{M_{\max}}{[\sigma]} = \frac{12 \times 1\ 000}{10 \times 10^6}\ \text{m}^3 = 1\ 200 \times 10^{-6}\ \text{m}^3$$

其中

$$W_z = \frac{bh^2}{6} = \frac{b\ (2b)^2}{6} = \frac{2b^3}{3}$$

由此得

$$b \geqslant \sqrt[3]{\frac{3}{2} \times 1\ 200 \times 10^{-6}}\ \text{m} = 0.1216\ \text{m} = 121.6\ \text{mm}$$

$$h = 2b = 243\ \text{mm}$$

最后选用$(125 \times 250)\ \text{mm}^2$的截面。

6.3　弯曲切应力

我们知道,弯矩与横截面上的正应力有关,剪力与切应力有关。横力弯曲梁横截面上既有弯矩又有剪力,由于切应力的存在,使截面发生翘曲,平面假设不再成立,从而使变形的几何关系变得复杂,已经不能继续从几何、物理和静力学三方面关系研究切应力的分布规律和计算公式。切应力的分布规律随截面形状的不同而不同,本节以矩形截面梁为例,在讨论正应力的基础上,对切应力的分布规律做出适当的简化和假设,利用静力学平衡条件完成对切应力的分析。

6.3.1　矩形截面梁的切应力

关于横截面上切应力的分布规律,做以下两个假设:

(1)横截面上各点的切应力方向均与剪力F_Q平行;

(2)切应力沿截面宽度均匀分布。

由于梁的侧面上无切应力存在,故由切应力互等定理可知,横截面上侧边处各点的切应力方向也平行于侧边,即与该截面上的剪力方向一致。这一假设对于高度大于宽度的窄长矩形截面是合理的。同时,对于窄长矩形截面,切应力沿宽度变化不大,第二个假设也是合理的。由弹性力学已证实,上述两点假设对窄长矩形截面梁的切应力分析适用。

如图6.8(a)所示一矩形截面梁,截取一微段dx。作用在微段左右两截面上的剪力为F_Q,弯矩分别为M及$M + dM$,如图6.8(b)所示,用距中性层为y的$m-m$截面截取出部分梁块,该部分左右两个侧面上分别作用有弯矩M及$M + dM$引起的正应力σ_{x_1}及σ_{x_2}以及切应力τ_x,根据切应力互等定理,截出部分的$m-m$面上也有与τ_x相等的切应力τ_y,如图6.9所示。设截出部分两个侧面$1-m$及$2-m$上的法向内力分量$\sigma_{x_1}dA$及$\sigma_{x_2}dA$组成的在x轴方向的法向内力分别为$F_{N_1}^*$及$F_{N_2}^*$,则

$$F_{N_2}^* = \int_{A^*} \sigma_{x_2}dA = \int_{A^*} \frac{M + dM}{I_z}y^* dA = \frac{M + dM}{I_z}\int_{A^*} y^* dA = \frac{M + dM}{I_z}S_z^* \qquad (\text{a})$$

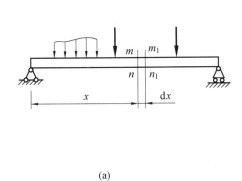
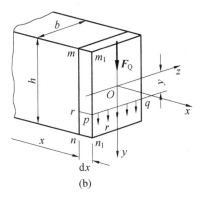

图 6.8

$$F_{N_1}^* = \frac{M}{I_z} S_z^*$$（b）

式中　S_z^*——截出部分的左侧或右侧的横截面面积 A^* 对中性轴 z 的静矩。

考虑截出部分 $1-m$ 及 $2-m$ 的平衡,由 $\sum F_x = 0$ 得

$$F_{N_1}^* - F_{N_2}^* - dF_Q = 0$$（c）

将式（a）、式（b）及 $dF_Q = \tau_y b dx$ 代入式（c）,化简后得

$$\tau_y = \frac{F_Q S_z^*}{b I_z}$$

由切应力互等定理得

$$\tau_x = \tau_y = \frac{F_Q S_z^*}{b I_z}$$（6.6）

即矩形截面梁横截面上任意点处的切应力计算公式。

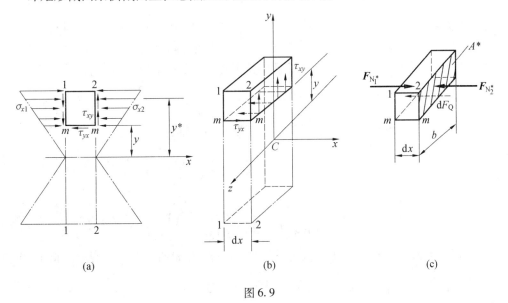

图 6.9

对于宽为 b、高为 h 的矩形截面,如图 6.10 所示,此时式（6.6）中的静矩为

$$S_z^* = b\left(\frac{h}{2}-y\right)\left[y+\frac{h/2-y}{2}\right] = \frac{b}{2}\left(\frac{h^2}{4}-y^2\right)$$

将其代入式(6.6)得

$$\tau_x = \frac{F_Q}{2I_z}\left(\frac{h^2}{4}-y^2\right) \tag{6.7}$$

由此式可见,矩形截面梁的切应力 τ_x 沿截面高度方向按二次抛物线规律变化。当 $y=\pm\frac{h}{2}$ 时,即在横截面的上、下边缘处,$\tau_x=0$;当 $y=0$ 时,即在中性轴上,切应力最大,其值为

$$\tau_{x\max} = \frac{3}{2}\frac{F_Q}{bh} \tag{6.8}$$

此式说明,矩形截面梁横截面上的最大切应力值为平均切应力 F_Q/A 的 1.5 倍。

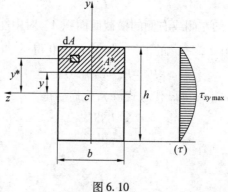

图 6.10

6.3.2 工字形截面梁的切应力

工字形截面梁如图 6.11(a)所示,由腹板和翼缘组成,中间狭长部分为腹板,上、下扁平部分为翼缘。梁横截面上的切应力主要分布于腹板上,翼缘部分的切应力情况相对复杂,且数值很小,故不予考虑。由于腹板呈狭长矩形,所以导出相同的应力计算公式,即

$$\tau_x = \frac{F_Q S_z^*}{b_0 I_z}$$

式中 S_z^* ——图 6.11(a)中画阴影线部分的面积对中性轴的静矩,即

$$S_z^* = b\left(\frac{h}{2}-\frac{h_0}{2}\right)\left[\frac{h_0}{2}+\frac{1}{2}\left(\frac{h}{2}-\frac{h_0}{2}\right)\right] + b_0\left(\frac{h_0}{2}-y\right)\left[y+\frac{1}{2}\left(\frac{h_0}{2}-y\right)\right] = \frac{b}{8}(h^2-h_0^2)+\frac{b_0}{2}\left(\frac{h_0^2}{4}-y^2\right)$$

于是

$$\tau_x = \frac{F_Q}{b_0 I_z}\left[\frac{b}{8}(h^2-h_0^2)+\frac{b_0}{2}\left(\frac{h_0^2}{4}-y^2\right)\right] \tag{6.9}$$

可见,沿腹板高度,切应力也是按抛物线规律分布的,如图 6.11(b)所示。将 $y=0$ 和 $y=\pm\frac{h_0}{2}$ 分别代入式(6.9),求出腹板上的最大切应力为

$$\tau_{x_{\max}} = \frac{F_Q}{I_z b_0} \left[\frac{bh^2}{8} - (b - b_0) \frac{h_0^2}{8} \right]$$

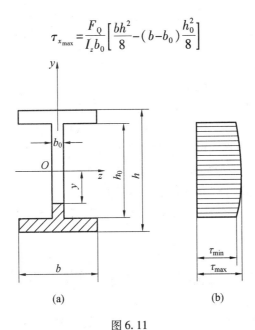

(a)　　　　　　　　(b)

图 6.11

6.3.3　圆形、圆环形截面梁的切应力

圆形、圆环形截面上切应力的分布比较复杂,最大切应力也在中性层,且方向与剪力 F_Q 平行,如图 6.12、图 6.13 所示。

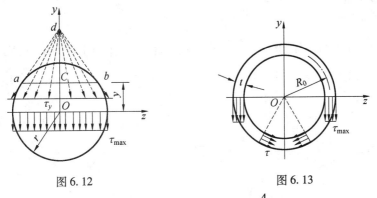

图 6.12　　　　　　　　　　图 6.13

圆形截面梁横截面上的最大切应力为平均切应力的 $\frac{4}{3}$ 倍,即

$$\tau_{x_{\max}} = \frac{4}{3} \frac{F_Q}{A} \qquad\qquad (6.10)$$

圆环形截面梁横截面上的最大切应力为平均应力的 2 倍,即

$$\tau_{x_{\max}} = 2 \frac{F_Q}{A} \qquad\qquad (6.11)$$

综上所述,在最大剪力所在截面的中性轴上,出现最大切应力,故弯曲切应力强度条件为

$$\tau_{x_{\max}} = \frac{F_{Q,\max} S_{z,\max}^*}{b I_z} \leqslant [\tau] \tag{6.12}$$

式中　$S_{z,\max}^*$——中性轴以下（或以上）部分截面对中性轴的静矩。中性轴上各点的正应
　　　　　　力等于零，所以都是纯剪切。

大跨度梁的控制因素通常是弯曲正应力。满足弯曲正应力强度条件的梁，一般都能
满足切应力的强度条件。只有在下述特殊情况下，要进行梁的弯曲切应力强度校核：

（1）梁的跨度较短，或在支座附近作用较大的载荷，以致梁的弯矩较小，而剪力较大。

（2）铆接或焊接的工字形截面梁，如腹板较薄而截面高度大，以致厚度与高度的比值
小于型钢的相应比值，这时，对腹板应进行切应力校核。

（3）经焊接、铆接或胶合而成的梁，对焊缝、铆钉或胶合面等，一般要进行切应力
校核。

6.4　提高梁弯曲强度的主要措施

前面曾经指出，弯曲正应力是控制梁的主要因素。由弯曲正应力的强度条件：

$$\sigma_{\max} = \frac{M_{\max}}{W_z} \leqslant [\sigma] \tag{a}$$

可以看出，要提高梁的承载能力应从两方面入手：一是降低 $M_{\max}$ 的数值；二是提高 W_z 的
数值。下面分成几点进行讨论。

1. 合理安排梁的受力情况以降低最大弯矩

（1）合理布置载荷。

如图 6.14 所示的情况，$M_{\max} = \dfrac{5}{36} Fl$，但如把集中力 F 作用于轴的中点，则 $M_{\max} = \dfrac{1}{4} Fl$，
显然前者的最大弯矩减小很多。所以将轴上的齿轮安置得紧靠轴承，就会使齿轮传到轴
上的力 F 紧靠支座。此外，在可能条件下把集中力分散成若干个小的集中力，或者改成
分布载荷。例如，把作用于跨度中点的集中力 F 分散成图 6.15 所示的两个集中力，则最
大弯矩将由 $M_{\max} = \dfrac{Fl}{4}$ 降低为 $M_{\max} = \dfrac{Fl}{8}$。

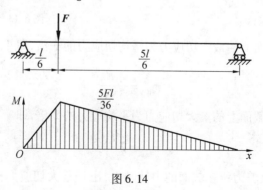

图 6.14

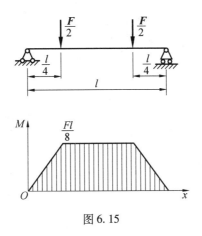

图 6.15

（2）合理布置支座。

若将跨长为 l 的简支梁的支座各向中间移动 $0.2l$，如图 6.16 所示，则 $M_{max}=\dfrac{ql^2}{40}$，减小

为原来 $M_{max}=\dfrac{ql^2}{8}$ 的 $\dfrac{1}{5}$。

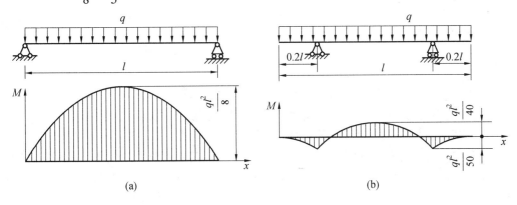

图 6.16

也就是说按图 6.16（b）布置支座，载荷即可提高 4 倍。

2. 合理设计梁的截面以提高抗弯截面模量

由弯曲正应力的强度条件可知，梁能承受的 M_{max} 与抗弯截面模量 W_z 成正比，而梁的自重则与截面面积 A 成正比。因而合理的截面形状应是截面面积 A 小，而抗弯截面模量 W_z 大。例如图 6.17 所示的矩形截面梁，若把截面竖放，则 $W_{z1}=\dfrac{bh^2}{6}$；若把截面平放，则 $W_{z2}=\dfrac{b^2h}{6}$。可见竖放比平放有更高的抗弯强度，更为合理。因此，房屋和桥梁等建筑物中的矩形截面梁，一般都是竖放的。

对于面积相同而分布不同的截面，其抗弯截面模量 W_z 不同。通常用比值 $\dfrac{W_z}{A}$ 衡量截面形状的合理性。比值 $\dfrac{W_z}{A}$ 大，则截面的形状就较为合理。例如，矩形截面：

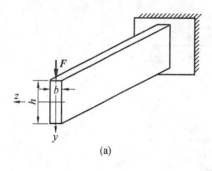 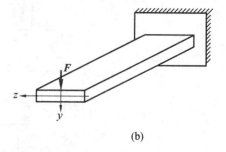

(a)   (b)

图 6.17

$$\frac{W_z}{A} = \frac{\frac{1}{6}bh^2}{bh} = 0.167h$$

圆形截面

$$\frac{W_z}{A} = \frac{\frac{\pi d^3}{32}}{\frac{\pi d^2}{4}} = 0.125d$$

工字形截面

$$\frac{W_z}{A} = (0.27 \sim 0.31)h$$

可见工字形截面比矩形截面合理,矩形截面比圆形截面合理。所以,桥式起重机的大梁以及其他钢结构中的抗弯杆件,经常采用工字形截面、槽形截面或箱形截面等。

从正应力的分布规律看,这种选择也合理。因为弯曲时,梁截面上的点离中性轴越远,正应力越大。为了充分利用材料,在可能条件下应将中性轴附近的部分材料转移到距中性轴较远的边缘处。例如,圆截面在中性轴附近聚集了较多的材料,为使其充分发挥作用,可将实心圆截面改成空心圆截面。对于矩形截面,可将中性轴附近的材料移置到上、下边缘处,形成工字形截面或箱形截面。当然,梁的合理截面形状不能完全由正应力的强度条件决定,不能片面地追求 $\frac{W_z}{A}$ 的高比值,还应考虑到工艺条件、刚度和稳定性等问题。

3. 采用变截面梁或等截面梁

一般情况下,梁上只有一个或者少数几个截面上的弯矩达到最大值,也就是说只有少数截面是危险截面。当危险截面上的最大正应力达到许用应力值时,其他大多数截面上的最大正应力还没有达到许用应力值。这样这些截面处的材料同样没有被充分利用。为了合理地利用材料,减轻结构重量,很多工程构件都设计成变截面的。弯矩大的地方截面大一些,弯矩小的地方截面相应小一些,例如大型机械设备中的阶梯轴(图 6.18)。

如果使每一个截面上的最大正应力都正好等于材料的许用应力,这样设计出的梁就是"等强度梁"。工业厂房中的"鱼腹梁"(图 6.19)就是一种等强度梁。

若设想把这一等强度梁分成若干狭条,然后叠置起来,并使其略微拱起,这就成为汽车以及其他车辆上经常使用的叠板弹簧,如图 6.20 所示。

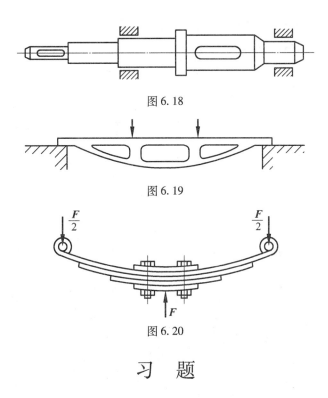

图 6.18

图 6.19

图 6.20

习　题

6.1　简支梁受均布载荷如图所示。若分别采用截面面积相等的实心和空心圆截面，且 $D_1 = 40$ mm，$\dfrac{d_2}{D_2} = \dfrac{3}{5}$，试分别计算它们的最大弯曲正应力。并问空心截面比实心截面的最大弯曲正应力减小了百分之几？

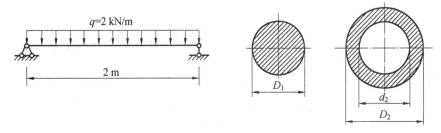

题 6.1 图

6.2　T 字形截面梁如图所示，试求梁横截面上的最大拉应力。

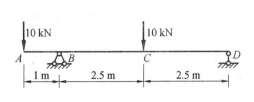

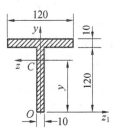

题 6.2 图

6.3 悬臂梁如图所示,已知 $F = 20$ kN,$h = 60$ mm,$b = 30$ mm。要求画出梁上 A、B、C、D、E 各点的应力状态图,并求各点的主应力。

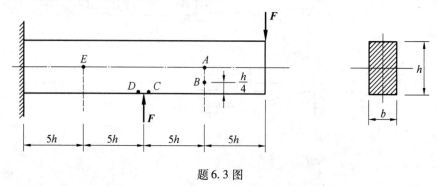

题 6.3 图

6.4 如图所示梁为焊接工字钢梁,材料为 A3 钢,$[\sigma] = 160$ MPa。分别按第三和第四强度理论校核钢梁的强度。

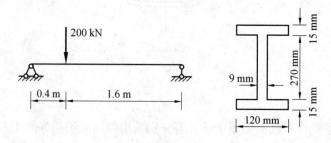

题 6.4 图

6.5 选择如图所示矩形截面木梁的尺寸。已知$[\sigma] = 8$ MPa 。

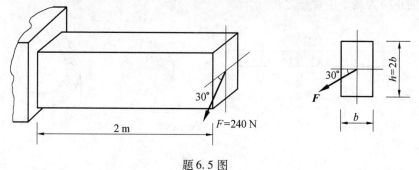

题 6.5 图

6.6 如图所示钢制实心圆轴,$[\sigma] = 160$ MPa,齿轮 C 上作用有铅直切向力 5 kN,径向力 1.82 kN,半径 $r_C = 200$ mm。齿轮 D 上作用有水平切向力 10 kN,径向力 3.64 kN,半径 $r_D = 100$ mm。试按第四强度理论求轴的直径。

6.7 图示外伸梁由 25a 号工字钢制成,其跨度 $l = 6$ m,全梁上受均布载荷 q 作用。为使支座处截面 A、B 上及跨度中央截面 C 上的最大正应力均为 140 MPa。试求外伸部分的长度 a 及载荷集度 q。

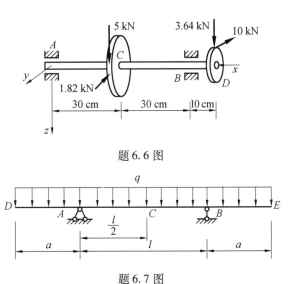

题 6.6 图

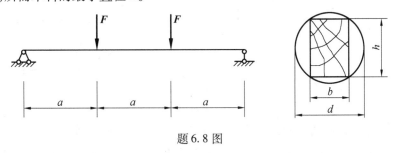

题 6.7 图

6.8 如图所示,矩形截面简支梁有圆形木料制成。如要求在圆木中所取矩形截面梁的抗弯截面模量具有最大值,试确定此矩形截面 h/b 的值;$F = 5$ kN,$a = 1.5$ m,$[\sigma] = 10$ MPa时,所需木料的最小直径 d。

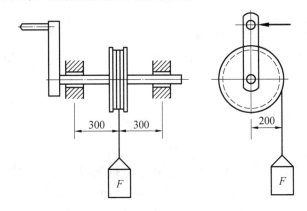

题 6.8 图

6.9 手摇式提升机如图所示,最大提升力为 $F = 1$ kN,提升机轴的许用应力 $[\sigma] = 80$ MPa。试按第三及第四强度理论设计轴的直径。

题 6.9 图

6.10 图示一齿轮传动轴,齿轮 A 上作用铅垂力 $F_1 = 5$ kN,齿轮 B 上作用水平方向

力 $F_2 = 10$ kN。若 $[\sigma] = 100$ MPa,齿轮 A 的直径为 300 mm,齿轮 B 的直径为 150 mm。试用第四强度理论计算轴的直径。

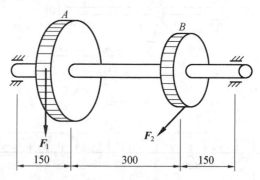

题 6.10 图

6.11　如图所示,电动机功率 $P = 9$ kW,转速 $n = 715$ r/min,皮带轮直径 $D = 250$ mm,电动机轴外伸长度 $l = 120$ mm,轴的直径 $d = 40$ mm,轴材料的许用应力 $[\sigma] = 60$ MPa。试按最大切应力理论校核轴的强度。

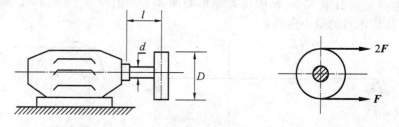

题 6.11 图

6.12　一轴上装有两个圆轮如图所示,F、P 两力分别作用于两轮上并处于平衡状态。圆轴直径 $d = 110$ mm,$[\sigma] = 60$ MPa。试按第四强度理论确定许用载荷 $[F]$。

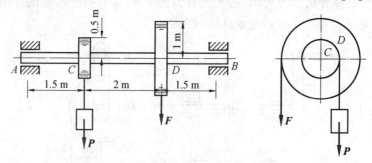

题 6.12 图

6.13　图示某精密磨床砂轮轴。已知电动机功率 $P_K = 3$ kW,转子转速 $n = 1400$ r/min,转子重量 $P_1 = 101$ kN。砂轮直径 $D = 250$ mm,砂轮重量 $P_2 = 275$ kN。磨削力 $F_y : F_z = 3 : 1$,砂轮轴直径 $d = 50$ mm,材料为轴承钢,$[\sigma] = 60$ MPa。

(1)试用单元体表示出危险点的应力状态,并求出主应力和最大切应力。

(2)试用第三强度理论校核轴的强度。

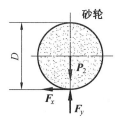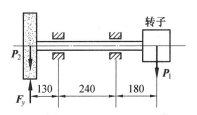

题 6.13 图

第 7 章

弯曲变形

梁在载荷作用下,既产生应力同时也发生变形,为了保证梁正常工作,工程中对某些梁除强度要求外,往往还有刚度要求,即要求它的变形不能过大。前面一章讨论了梁的强度计算,本章将介绍挠度和转角的概念,建立挠曲线近似微分方程,分析梁的变形及刚度。最后介绍简单静不定梁的求解方法。

例如,吊车梁的变形过大时,将使梁上小车行走困难出现爬坡现象,还会引起较严重的振动,影响吊车的正常运行;车床主轴的变形过大,将影响齿轮的啮合和轴承的配合,造成磨损不匀,产生噪声,降低寿命,还会影响加工精度;桥梁的变形过大,在机车通过时将引起很大的振动;楼板梁变形过大时,会使粉刷层开裂、脱落等等。所以,若变形超过允许数值,即使仍然是弹性的,也被认为是一种失效现象。

工程中虽然经常是控制弯曲变形,但在某种情况下,常常又利用弯曲变形来达到某种要求。例如,如图 7.1 所示叠板弹簧,要求有较大的变形,才可以更好地起到缓冲减振的作用。

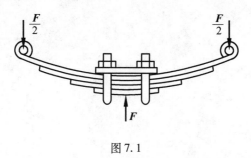

图 7.1

7.1 直接积分法求弯曲变形

梁的弯曲变形通常是用横截面形心处的线位移和横截面的角位移这两个位移量来度量。

如图 7.2 所示一悬臂梁 AB,在 B 端作用一集中力 F,此梁发生平面弯曲,其轴线由直线 AB 变为一条光滑连续的平面曲线 AB',该曲线称为梁的挠曲线。

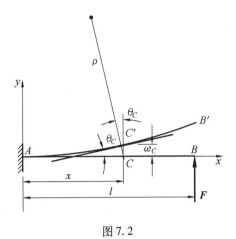

图 7.2

下面通过梁的轴线来讨论横截面两种形式的位移：

如图 7.2 所示，取坐标系 Oxy，在小变形假设下，梁的轴线上距离坐标原点为 x 的 C 点沿 x 方向的线位移可忽略，因此可以认为垂直于梁变形前轴线方向的位移 CC' 就是截面形心的线位移，称其为该点的挠度，用 ω 表示。一般情况下，挠度 ω 随截面的位置 x 而变化，即为截面位置 x 的函数：

$$\omega = \omega(x) \tag{7.1}$$

上式称为梁的挠曲线方程。

如图 7.2 所示，梁发生弯曲变形时，其横截面形心不仅有线位移，而且，弯曲变形后的横截面仍与变形后的挠曲线相垂直，即整个横截面绕其中性轴转动一个角度 θ，θ 称为截面的转角。θ 也可用挠曲线在该截面的切线与 x 轴的夹角来表示。转角 θ 也是随截面位置 x 而变化的，即

$$\theta = \theta(x) \tag{7.2}$$

上式称为梁的转角方程。

在小变形的情况下：

$$\theta \approx \tan \theta = \frac{\mathrm{d}\omega}{\mathrm{d}x} = \omega'$$

上式即为梁的挠度 ω 与转角 θ 之间的关系。由此可见，如果能找到梁的挠曲线方程 $\omega = \omega(x)$，则任何横截面的挠度和转角便可求出，因此，求变形的关键在于求出挠曲线方程。在图 7.2 所示的坐标系中，规定挠度向上为正，向下为负；转角逆时针转向为正，顺时针转向为负。

在前一章中已经得到，梁弯曲后的曲率与弯矩和抗弯刚度之间的关系为

$$\frac{1}{\rho} = \frac{M}{EI_z}$$

此式是在梁处于纯弯曲的情况下求得的，但因为一般工程常用梁的跨度 l 远大于其横截面高度 h，剪力对梁变形的影响很小，可以忽略，上式仍然适用。但剪力弯曲下，弯矩和曲率都随截面位置而变化，都是 x 的函数：

$$\frac{1}{\rho(x)} = \frac{M(x)}{EI_z} \tag{a}$$

由高等数学可知,平面曲线 $\omega = \omega(x)$ 上任一点的曲率为

$$\frac{1}{\rho(x)} = \pm \frac{\dfrac{\mathrm{d}^2\omega}{\mathrm{d}x^2}}{\left[1+\left(\dfrac{\mathrm{d}\omega}{\mathrm{d}x}\right)^2\right]^{3/2}} \tag{b}$$

将其代入式(a),得

$$\pm \frac{\dfrac{\mathrm{d}^2\omega}{\mathrm{d}x^2}}{\left[1+\left(\dfrac{\mathrm{d}\omega}{\mathrm{d}x}\right)^2\right]^{3/2}} = \frac{M(x)}{EI_z} \tag{c}$$

由于工程实际中,梁的变形一般都很小,挠曲线为一平坦的曲线,$\mathrm{d}\omega/\mathrm{d}x$ 为一很小的量,故 $(\mathrm{d}\omega/\mathrm{d}x)^2$ 与 1 相比可以忽略不计,于是上式可近似为

$$\pm\frac{\mathrm{d}^2\omega}{\mathrm{d}x^2} = \frac{M(x)}{EI_z} \tag{d}$$

根据静力学中关于弯矩正负号的规定,在图 7.3 所示的坐标系下,弯矩 M 与二阶导数 $\dfrac{\mathrm{d}^2\omega}{\mathrm{d}x^2}$ 的正负号始终一致,因此式(d)左端应取正号,即

$$\frac{\mathrm{d}^2\omega}{\mathrm{d}x^2} = \frac{M(x)}{EI_z} \tag{7.3}$$

此式称为梁的挠曲线近似微分方程。由于在计算中略去了剪力对变形的影响,并在式(c)中略去了 $(\mathrm{d}\omega/\mathrm{d}x)^2$ 项,故称为近似微分方程。

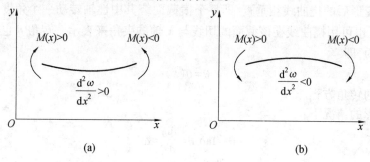

图 7.3

对式(7.3)积分一次得转角方程:

$$\theta = \frac{\mathrm{d}\omega}{\mathrm{d}x} = \int \frac{M(x)}{EI_z}\mathrm{d}x + C \tag{7.4}$$

积分两次得挠曲线方程:

$$\omega = \iint\left(\frac{M(x)}{EI_z}\mathrm{d}x\right)\mathrm{d}x + Cx + D \tag{7.5}$$

式中　C、D——积分常数,可由边界条件和光滑连续条件确定。下面通过例题说明。

【例 7.1】　如图 7.4 所示一悬臂梁 AB,自由端 B 受集中力 F 作用,若梁的抗弯刚度 EI_z 为常量,求梁的最大挠度和最大转角。

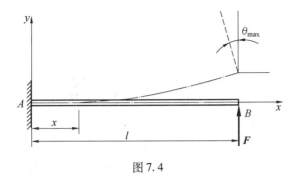

图 7.4

解 （1）列弯矩方程：

$$M(x) = F(l-x) \tag{a}$$

（2）建立挠曲线近似微分方程：

$$EI_z \omega'' = M(x) = F(l-x) \tag{b}$$

（3）积分求通解。

$$EI_z \omega' = -\frac{F}{2}x^2 + Flx + C \tag{c}$$

$$EI_z \omega = -\frac{F}{6}x^3 + \frac{Fl}{2}x^2 + Cx + D \tag{d}$$

（4）确定积分常数。

根据边界条件，固定端 A 处挠度和转角均等于零，即当 $x=0$ 时：

$$\omega'_A = \theta_A = 0 \tag{e}$$

$$\omega_A = 0 \tag{f}$$

把边界条件(e)、(f)分别代入式(c)、(d)，得

$$C = 0, \quad D = 0$$

（5）转角方程及挠曲线方程。

将积分常数 C、D 代入式(c)、(d)，得转角方程和挠曲线方程：

$$\theta = \omega' = \frac{1}{EI_z}\left(-\frac{F}{2}x^2 + Flx\right)$$

$$\omega = \frac{1}{EI_z}\left(-\frac{F}{6}x^3 + \frac{F}{2}lx^2\right)$$

（6）求最大挠度与最大转角。

可以看出最大挠度与最大转角均发生在截面 B，将 B 截面的横坐标 $x=l$ 代入以上两式，得

$$\theta_B = \frac{Fl^2}{2EI}, \quad \omega_B = \frac{Fl^3}{3EI}$$

θ_B 为正，表示截面 B 的转角是逆时针的。ω_B 也为正，表示 B 截面的挠度向上。

【例 7.2】 如图 7.5 所示一等截面简支梁，承受均布载荷 q，若梁的抗弯刚度 EI_z 为常量，求梁的最大挠度和 B 截面的转角。

解 （1）列弯矩方程：

$$M(x) = \frac{ql}{2}x - \frac{q}{2}x^2 \tag{a}$$

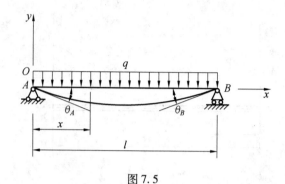

图 7.5

（2）建立挠曲线近似微分方程：

$$EI_z\omega'' = M(x) = \frac{ql}{2}x - \frac{q}{2}x^2 \tag{b}$$

（3）积分求通解。

$$EI_z\omega' = \frac{ql}{4}x^2 - \frac{q}{6}x^3 + C \tag{c}$$

$$EI_z\omega = \frac{ql}{12}x^3 - \frac{q}{24}x^4 + Cx + D \tag{d}$$

（4）确定积分常数。

根据边界条件，铰支座上的挠度均等于零，即

$$x = 0 \ 时, \omega_A = 0$$

$$x = l \ 时, \omega_B = 0$$

把以上两个边界条件分别代入式（c）、（d），得

$$C = -\frac{ql^3}{24}, \quad D = 0$$

（5）转角方程及挠曲线方程。

将积分常数 C、D 代入式（c）、（d），得转角方程和挠曲线方程

$$\theta = \omega' = \frac{1}{EI_z}\left(\frac{ql}{4}x^2 - \frac{q}{6}x^3 - \frac{ql^3}{24}\right) \tag{e}$$

$$\omega = \frac{1}{EI_z}\left(\frac{ql}{12}x^3 - \frac{q}{24}x^4 - \frac{ql^3}{24}x\right) \tag{f}$$

（6）求最大挠度与 B 截面的转角。

由于梁上的载荷是对称的，所以最大挠度发生在跨度中点，挠曲线切线的斜率等于零，挠度为极值。将 $x = \frac{l}{2}$ 代入式（f）得

$$\omega_{\max} = \omega \big|_{x=\frac{l}{2}} = -\frac{5ql^4}{384EI_z}$$

将 $x = l$ 代入式（e）得 B 截面的转角

$$\theta_B = \frac{ql^3}{24EI}$$

【例7.3】　如图7.6所示一简支梁,抗弯刚度 EI_z、长度 l、载荷 F_P 均为已知。求梁的挠度方程和转角方程,并计算 B 截面的挠度和铰支座 A 和 C 截面的转角。

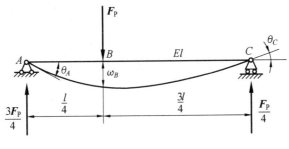

图 7.6

解　(1)求约束力。

利用平衡方程求支座 A 和 C 的约束力,如图7.6所示。

(2)分段建立弯矩方程。

由于 B 截面有集中力 F_P,所以需要分成 AB 和 BC 两段建立弯矩方程:

$$M_1(x_1)=\frac{3}{4}F_P x_1 \quad (0 \leqslant x_1 \leqslant \frac{l}{4}) \tag{a}$$

$$M_2(x_2)=\frac{3}{4}F_P x_2 - F_P(x_2-\frac{l}{4}) \quad (\frac{l}{4} \leqslant x_2 \leqslant l) \tag{b}$$

(3)积分求通解。

将式(a)、(b)代入式挠曲线近似微分方程得

$$EI_z\omega''_1 = M_1(x_1) = \frac{3}{4}F_P x_1 \quad (0 \leqslant x_1 \leqslant \frac{l}{4}) \tag{c}$$

$$EI_z\omega''_2 = M_2(x_2) = \frac{3}{4}F_P x_2 - F_P(x_2-\frac{l}{4}) \quad (\frac{l}{4} \leqslant x_2 \leqslant l) \tag{d}$$

对式(c)、(d)积分一次,得

$$EI_z\theta_1 = \frac{3}{8}F_P x_1^2 + C_1 \tag{e}$$

$$EI_z\theta_2 = \frac{3}{8}F_P x_2^2 - \frac{1}{2}F_P(x_2-\frac{l}{4})^2 + C_2 \tag{f}$$

对式(e)、(f)再积分,得

$$EI_z\omega_1 = \frac{1}{8}F_P x_1^3 + C_1 x_1 + D_1 \tag{g}$$

$$EI_z\omega_2 = \frac{1}{8}F_P x_2^3 - \frac{1}{6}F_P(x_2-\frac{l}{4})^3 + C_2 x_2 + D_2 \tag{h}$$

(4)确定积分常数。

根据边界条件,铰支座上的挠度均等于零,即

$$x_1 = 0 \text{ 时},\omega_1 = 0 \tag{i}$$

$$x_2 = l \text{ 时},\omega_2 = 0 \tag{j}$$

根据光滑连续条件,AB 段和 BC 段交界处 B 截面的挠度和转角分别相等,即

$$x = l/4, \omega_1 = \omega_2 \tag{k}$$

$$x = l/4, \theta_1 = \theta_2 \tag{l}$$

将式(i)、(j)、(k)、(l)分别代入式(e)、(f)、(g)、(h)得

$$C_1 = C_2 = -\frac{7}{128}Fl^2$$

$$D_1 = D_2 = 0$$

(5)确定转角方程和挠度方程以及指定横截面的挠度与转角。

将所得的积分常数代入式(e)、(f)、(g)、(h)得

$$\theta_1(x_1) = \frac{F_P}{EI_z}\left(\frac{3}{8}x_1^2 - \frac{7}{128}l^2\right)$$

$$\omega_1(x_1) = \frac{F_P}{EI_z}\left(\frac{3}{8}x_1^3 - \frac{7}{128}l^2 x_1\right)$$

$$\theta_2(x_2) = \frac{F_P}{EI_z}\left[\frac{3}{8}x_2^2 - \frac{1}{2}\left(x_2 - \frac{l}{4}\right)^2 - \frac{7}{128}l^2\right]$$

$$\omega_2(x_2) = \frac{F_P}{EI_z}\left[\frac{3}{8}x_2^3 - \frac{1}{6}\left(x_2 - \frac{l}{4}\right)^2 - \frac{7}{128}l^2 x_2\right]$$

由此可得 B 截面处的挠度和支座 A、C 两处的转角分别为

$$\omega_B = -\frac{6}{253}\frac{F_P l^3}{EI_z}, \quad \theta_A = -\frac{7}{128}\frac{F_P l^2}{EI_z}, \quad \theta_B = \frac{5}{128}\frac{F_P l^2}{EI_z}$$

积分法的优点是可以求得转角和挠度方程,但有时只需知道特定截面的转角和挠度,积分法就显得烦琐。为此,将梁在某些简单载荷作用下的变形列入表7.1中,以便直接查用,可以较方便地解决一些弯曲变形问题。

7.2 用叠加法求弯曲变形

当材料服从胡克定律时,挠曲线近似微分方程是线性的。且小变形情况下,计算弯矩时用梁变形前的尺寸,所以弯矩与载荷的关系也是线性的。因此,对应几种不同的载荷,弯矩可以叠加,挠曲线近似微分方程的解也可以叠加。例如,F、q 两种载荷各自单独作用时的弯矩分别为 M_F 和 M_q,将二者叠加就是两种载荷共同作用时的弯矩 M,即

$$M = M_F + M_q \tag{a}$$

由式(7.3)

$$EI_z\frac{\mathrm{d}^2\omega_F}{\mathrm{d}x^2} = M_F, \quad EI_z\frac{\mathrm{d}^2\omega_q}{\mathrm{d}x^2} = M_q \tag{b}$$

式中 ω_F、ω_q——F 和 q 单独作用下的挠度,则 ω 与 M 的关系为

$$EI_z\frac{\mathrm{d}^2\omega}{\mathrm{d}x^2} = M \tag{c}$$

式中 ω——F 和 q 共同作用下的挠度,将式(a)、(b)、(c)整理得

$$EI_z\frac{\mathrm{d}^2\omega}{\mathrm{d}x^2} = M_F + M_q = EI_z\frac{\mathrm{d}^2\omega_F}{\mathrm{d}x^2} + EI_z\frac{\mathrm{d}^2\omega_q}{\mathrm{d}x^2} = EI_z\frac{\mathrm{d}^2(\omega_F + \omega_q)}{\mathrm{d}x^2}$$

由此可见 F 和 q 共同作用下的挠度 ω，即为两个载荷单独作用下的挠度 ω_F 和 ω_q 的代数和。这一结论可以推广到载荷多于两个的情况。所以，当梁上同时作用几个载荷时，可以分别求出每一载荷单独作用引起的变形，把所得变形叠加即为这些载荷共同作用时的变形，这就是计算弯曲变形的叠加法。

【例7.4】　如图 7.7 所示桥式起重机大梁的自重为均布载荷，集度为 q，作用于跨度中点的集中力为 F。试求大梁跨度中点的挠度。

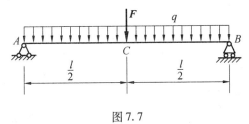

图 7.7

解　大梁的变形是均布载荷 q 和集中力 F 共同引起的。在均布载荷 q 单独作用下，梁跨度中点的挠度由表 7.1 第 10 栏查出为

$$(\omega_C)_q = -\frac{5ql^4}{384EI_z}$$

在集中力 F 单独作用下，梁跨度中点的挠度由表 7.1 第 8 栏查出为

$$(\omega_C)_F = -\frac{Fl^3}{48EI_z}$$

叠加以上结果，求得在均布载荷和集中力共同作用下，梁跨度中点的挠度为

$$\omega_C = (\omega_C)_q + (\omega_C)_F = -\frac{5ql^4}{384EI_z} - \frac{Fl^3}{48EI_z}$$

表 7.1　梁在简单载荷作用下的变形

序号	梁的简图	挠曲线方程	端截面转角	最大挠度
1		$\omega = -\dfrac{M_e x^2}{2EI}$	$\theta_B = -\dfrac{M_e l}{EI}$	$\omega_B = -\dfrac{M_e l}{2EI}$
2		$\omega = -\dfrac{Fx^2}{6EI}(3l-x)$	$\theta_B = -\dfrac{Fl^2}{2EI}$	$\omega_B = -\dfrac{Fl^3}{3EI}$
3		$\omega = -\dfrac{Fx^2}{6EI}(3a-x)$ $(0 \leqslant x \leqslant a)$ $\omega = -\dfrac{Fa^2}{6EI}(3x-a)$ $(a \leqslant x \leqslant l)$	$\theta_B = -\dfrac{Fa^2}{2EI}$	$\omega_B = -\dfrac{Fa^2}{6EI}(3l-a)$

续表 7.1

序号	梁的简图	挠曲线方程	端截面转角	最大挠度
4		$\omega=-\dfrac{qx^2}{24EI}(x^2-4lx+6l^2)$	$\theta_B=-\dfrac{ql^3}{6EI}$	$\omega_B=-\dfrac{ql^4}{8EI}$
5		$\omega=-\dfrac{M_{\rm e}x}{6EIl}(l-x)(2l-x)$	$\theta_B=-\dfrac{M_{\rm e}l}{3EI}$ $\theta_B=\dfrac{M_{\rm e}l}{6EI}$	在 $x=\left(1-\dfrac{1}{\sqrt{3}}\right)l$ 处: $\omega_{\max}=-\dfrac{M_{\rm e}l^2}{9\sqrt{3}\,EI}$ 在 $x=\dfrac{l}{2}$ 处: $\omega_{\frac{l}{2}}=-\dfrac{M_{\rm e}l^2}{16EI}$
6		$\omega=-\dfrac{M_{\rm e}x}{6EIl}(l^2-x^2)$	$\theta_A=-\dfrac{M_{\rm e}l}{6EI}$ $\theta_B=\dfrac{M_{\rm e}l}{3EI}$	在 $x=\dfrac{l}{\sqrt{3}}$ 处: $\omega_{\max}=-\dfrac{M_{\rm e}l^2}{9\sqrt{3}\,EI}$ 在 $x=\dfrac{l}{2}$ 处: $\omega_{\frac{l}{2}}=-\dfrac{M_{\rm e}l^2}{16EI}$
7		$\omega=\dfrac{M_{\rm e}x}{6EIl}(l^2-3b^2-x^2)$ $(0\leqslant x\leqslant a)$ $\omega=\dfrac{M_{\rm e}}{6EIl}[-x^3+3l(x-a)^2+(l^2-3b^2)x]$ $(a\leqslant x\leqslant l)$	$\theta_A=\dfrac{M_{\rm e}}{6EIl}$ (l^2-3b^2) $\theta_B=\dfrac{M_{\rm e}}{6EIl}$ (l^2-3a^2)	在 $x=\sqrt{\dfrac{l^2-3b^2}{3}}$ 处: $\omega_1=-\dfrac{M_{\rm e}(l^2-3b^2)^{3/2}}{9\sqrt{3}\,lEI}$ 在 $x=\sqrt{\dfrac{l^2-3a^2}{3}}$ 处: $\omega=-\dfrac{Fx}{48EI}(3l^2-4x^2)$
8		$\omega=-\dfrac{Fx}{48EI}(3l^2-4x^2)$ $\left(0\leqslant x\leqslant\dfrac{l}{2}\right)$	$\theta_A=-\theta_B=$ $-\dfrac{Fl^2}{16EI}$	$\omega_{\max}=-\dfrac{Fl^3}{48EI}$

续表 7.1

序号	梁的简图	挠曲线方程	端截面转角	最大挠度
9		$\omega = -\dfrac{Fbx}{6EIl}(l^2-x^2-b^2)$ $(0 \leqslant x \leqslant a)$ $\omega = -\dfrac{Fb}{6EIl}\left[\dfrac{l}{b}(x-a)^3 + (l^2-b^2)x-x^3\right]$ $(a \leqslant x \leqslant l)$	$\theta_A = \dfrac{Fab(l+b)}{6EIl}$ $\theta_B = \dfrac{Fab(l+a)}{6EIl}$	设 $a>b$，在 $x=\sqrt{\dfrac{l^2-b^2}{3}}$ 处: $\omega_{max} = -\dfrac{Fb(l^2-b^2)^{3/2}}{9\sqrt{3}EIl}$ 在 $x=\dfrac{l}{2}$ 处, $\omega_{\frac{1}{2}} = -\dfrac{Fb(3l^2-4b^2)}{48EI}$
10		$\omega = -\dfrac{qx}{24EI}(l^3-2lx^2+x^3)$	$\theta_A = -\theta_B = -\dfrac{ql^3}{24EI}$	$\omega_{max} = -\dfrac{5ql^4}{384EI}$
11		$0 \leqslant x \leqslant l$ $\omega = -\dfrac{M_e x}{6lEI}(l^2-x^2)$ $l \leqslant x \leqslant l+a$ $\omega = \dfrac{M_e}{6EI}(3x^2-4lx+l^2)$	$\theta_A = -\dfrac{M_e l}{6EI}$ $\theta_B = \dfrac{M_e l}{3EI}$ $\theta_C = \dfrac{M_e}{3EI}(l+3a)$	在 $x=\dfrac{l}{\sqrt{3}}$ 处: $\omega=-\dfrac{M_e l^2}{9\sqrt{3}EI}$ 在 $x=l+a$ 处: $\omega_C = \dfrac{M_e a}{6EI}(2l+3a)$
12		$0 \leqslant x \leqslant l$ $\omega = -\dfrac{Fax}{6lEI}(x^2-l^2)$ $l \leqslant x \leqslant l+a$ $\omega = \dfrac{F(x-l)}{6EI}\left[a(3x-l)-(x-l)^2\right]$	$\theta_A = \dfrac{Fal}{6EI}$ $\theta_B = -\dfrac{Fal}{3EI}$ $\theta_C = -\dfrac{Fa}{6EI}(2l+3a)$	在 $x=\dfrac{l}{\sqrt{3}}$ 处: $\omega=\dfrac{Fal^2}{9\sqrt{3}EI}$ 在 $x=l+a$ 处: $\omega_C = -\dfrac{Fa^2}{3EI}(l+a)$
13		$0 \leqslant x \leqslant l$ $\omega = \dfrac{qa^2}{12EI}\left(lx-\dfrac{x^3}{l}\right)$ $l \leqslant x \leqslant l+a$ $\omega = -\dfrac{qa^2}{12EI}$ $\left[\dfrac{x^3}{l} - \dfrac{(2l+a)(x-l)^3}{al} + \dfrac{(x-l)^4}{2a^2} - lx\right]$	$\theta_A = +\dfrac{qa^2 l}{12EI}$ $\theta_B = -\dfrac{qa^2 l}{6EI}$ $\theta_C = -\dfrac{qa^2}{6EI}(l+a)$	在 $x=\dfrac{l}{\sqrt{3}}$ 处: $\omega=\dfrac{qa^2 l^2}{18\sqrt{3}EI}$ 在 $x=l+a$ 处: $\omega_C = -\dfrac{qa^3}{24EI}(3a+4l)$

7.3 梁的刚度校核

在工程实际中,对梁的刚度要求是,其最大挠度或转角不得超过某一规定数值,即

$$\left.\begin{array}{c} |\omega|_{\max} \leqslant [\omega] \\ |\theta|_{\max} \leqslant [\theta] \end{array}\right\} \tag{7.6}$$

式中 $[\omega]$、$[\theta]$——规定的许用挠度和许用转角。

上式称为弯曲构件的刚度条件,对不同的构件式中的许用挠度和许用转角有不同的规定,可以从相关设计手册查得。

【例 7.5】 如图 7.8(a)所示一车床主轴,在图示平面内,已知切削力 $F_1 = 2$ kN,啮合力 $F_1 = 1$ kN,主轴的外径 $D = 80$ mm,内径 $d = 40$ mm,$l = 400$ mm,$a = 200$ mm,C 处的许用挠度 $[\omega] = 0.000\,1$,轴承 B 处的许用转角 $[\theta] = 0.001$ rad,材料的弹性模量 $E = 210$ GPa。试校核其刚度。

解 将主轴简化为如图 7.8(b)所示的外伸梁,外伸部分的抗弯刚度 EI 近似地视为与主轴相同。

(1)计算变形。

主轴横截面的惯性矩为

$$I_z = \frac{\pi}{64}(D^4 - d^4) = \frac{\pi}{64}(80^4 - 40^4)\,\text{mm}^4 = 1\,885 \times 10^{-9}\,\text{m}^4$$

由表 7.1 第 12 栏查得

$$\omega_{CF_1} = \frac{F_1 a}{3EI_z}(l + a) = \frac{2 \times 10^3 \times 200^2 \times 10^{-6}}{3 \times 210 \times 10^9 \times 1\,885 \times 10^{-9}} \times (400 \times 10^{-3} + 200 \times 10^{-3})\,\text{m} = 0.040\,4\,\text{m}$$

$$\theta_{BF_1} = \frac{F_1 al}{3EI_z} = \frac{2 \times 10^3 \times 200 \times 10^{-3} \times 400 \times 10^{-3}}{3 \times 210 \times 10^9 \times 1885 \times 10^{-9}}\,\text{rad} = 0.134\,7 \times 10^{-3}\,\text{rad}$$

由表 7.1 第 8 栏查得

$$\theta_{BF_2} = \frac{F_2 l^2}{16EI_z} = -\frac{1 \times 10^3 \times 400^2 \times 10^{-6}}{16 \times 210 \times 10^9 \times 1\,885 \times 10^{-9}}\,\text{rad} = 0.025\,3 \times 10^{-3}\,\text{rad}$$

$$\omega_{CF_2} = \theta_{BF_2} \cdot a = (-0.025\,3 \times 10^{-3} \times 200) = -0.005\,06\,\text{mm}$$

由叠加法得 C 处的总挠度为

$$\omega_C = \omega_{CF_1} + \omega_{CF_2} = (0.040\,4 - 0.005\,06)\,\text{mm} = 0.035\,3\,\text{mm}$$

B 处截面的总转角为

$$\theta_B = \theta_{BF_1} + \theta_{BF_2} = (0.134\,7 \times 10^{-3} - 0.025\,3 \times 10^{-3})\,\text{rad} = 0.109\,4 \times 10^{-3}\,\text{rad}$$

(2)校核刚度。

主轴的许用挠度和许用转角为

$$[\omega] = 0.000\,1 \times l = 0.000\,1 \times 400\,\text{mm} = 0.04\,\text{mm}$$

$$[\theta] = 0.001\,\text{rad} = 1 \times 10^{-3}\,\text{rad}$$

而

$$\omega_C = 0.035\,3\,\text{mm} < [\omega] = 0.04\,\text{mm}$$

$$\theta_B = 0.109\,4 \times 10^{-3}\,\text{rad} < [\theta] = 1 \times 10^{-3}\,\text{rad}$$

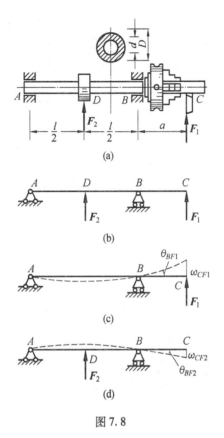

图 7.8

故主轴满足刚度条件。

　　由梁的挠曲线近似微分方程可知,梁的弯曲变形与弯矩 $M(x)$、抗弯刚度有关,而影响梁弯矩的因素有外载荷、支承情况及梁的有关长度。因此,为提高梁的刚度,可考虑如下措施:一是选用合理的截面形状,从而增大截面的惯性矩 I;二是调整加载方式,例如合理地安排载荷的作用位置,在可能情况下将一个集中力分散为多点加载等,这些都可起到降低弯矩的作用;三是在条件允许的情况下减小构件的跨度或有关长度,如缩小支座距离、增加支座等。

7.4　简单静不定梁

1. 静不定梁的概念

　　前面所讨论的梁,其约束力都可通过静力平衡方程求得,皆为静定梁。在工程实际中,为提高梁的强度和刚度,或因结构上的需要,往往在静定梁上增加一个或几个约束。这时,未知约束力的数目将多于平衡方程的数目,仅由静力平衡方程不能求解。这种梁称为静不定梁或超静定梁。

　　例如,安装在车床卡盘上的工件(图 7.9(a))如果比较细长,切削时会产生过大的挠度(图 7.9(b)),影响加工精度。为减小工件的挠度,常在工件的自由端用尾架上的顶尖顶紧。在不考虑水平方向的支座约束力时,这相当于增加了一个可动铰支座(图 7.10)。

这时工件的约束力有 4 个: F_{Ax}、F_{Ay}、M_A 和 F_B,而独立平衡方程只有 3 个。未知约束力数目比平衡方程数目多出一个,这是一次静不定梁。

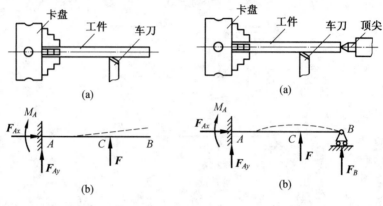

图 7.9　　　　　　　　　图 7.10

又如一些机器中的齿轮轴,采用 3 个轴承支承(图 7.11)。厂矿中铺设的管道一般需用 3 个以上的支座支承(图 7.12),这些都属于静不定梁。

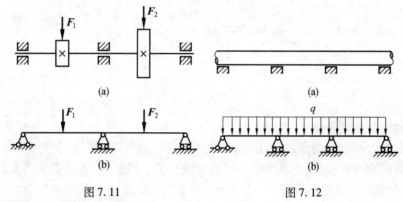

图 7.11　　　　　　　　图 7.12

2. 用变形比较法求解静不定梁

解静不定梁的方法与解拉压静不定问题类似,也需要根据梁的变形协调条件和力与变形间的物理关系,建立补充方程,然后与静力平衡方程联立求解。如何建立补充方程,是解静不定梁的关键。

在静不定梁中,那些超过维持梁平衡所必需的约束,习惯上称为多余约束;与其相应的支座约束力称为多余约束力或多余支座反力。可以设想,如果撤除静不定梁上的多余约束,则此静不定梁又将变为一个静定梁,这个静定梁称为原静不定梁的基本静定梁。例如图 7.13(a)所示的静不定梁,如果以 B 端的可动铰支座为多余约束,将其撤除后而形成的悬臂梁(图 7.13(b))即为原静不定梁的基本静定梁。

为使基本静定梁的受力及变形情况与原静不定梁完全一致,作用于基本静定梁上的外力除原来的载荷外,还应加上多余支座反力;同时,还要求基本静定梁满足一定的变形协调条件。例如,上述的基本静定梁的受力情况如图 7.13(c)所示,由于原静不定梁在 B 端有可动铰支座的约束,因此,还要求基本静定梁在 B 端的挠度为零,即

$$\omega_B = 0 \tag{a}$$

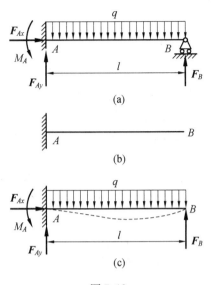

图 7.13

此即应满足的变形协调条件(简称变形条件)。这样,就将一个承受均布载荷的静不定梁变换为一个静定梁来处理。这个静定梁在原载荷和未知的多余支座反力作用下,B 端的挠度为零。

根据变形协调条件及力与变形间的物理关系,即可建立补充方程。由图 7.13(c) 可见,B 端的挠度为零,可将其视为均布载荷引起的挠度 ω_{Bq} 与未知支座反力 F_B 引起的挠度 ω_{BF_B} 的叠加结果,即

$$\omega_B = \omega_{Bq} + \omega_{BF_B} = 0 \qquad (b)$$

由表 7.1 查得

$$\omega_{Bq} = -\frac{ql^4}{8EI_z} \qquad (c)$$

$$\omega_{BF_B} = \frac{F_B l^3}{3EI_z} \qquad (d)$$

式(c)、(d)即为力与变形间的物理关系,将其代入式(b),得

$$-\frac{ql^4}{8EI_z} + \frac{F_B l^3}{3EI_z} = 0 \qquad (e)$$

这就是所需的补充方程,由此可解出多余支座反力为

$$F_B = \frac{3}{8}ql$$

多余支座反力求得后,再利用平衡方程,其他支座约束力即可迎刃而解。由图 7.15(c),梁的平衡方程为

$$\sum F_x = 0, \quad F_{Ax} = 0$$

$$\sum F_y = 0, \quad F_{Ay} - ql + F_B = 0$$

$$\sum M_A = 0, \quad M_A + F_B l - \frac{ql^2}{2} = 0$$

以 F_B 值代入上各式,解得

$$F_{Ax}=0, \quad F_{Ay}=\frac{5}{8}ql, \quad M_A=\frac{1}{8}ql^2$$

这样,就解出了静不定梁的全部支座约束力。所得结果均为正值,说明各支座约束力的方向和约束力偶的转向与所设的一致。支座约束力求得后,即可进行强度和刚度计算。

由以上的分析可见,解静不定梁的方法是:选取适当的基本静定梁;利用相应的变形协调条件和物理关系建立补充方程;然后与平衡方程联立解出所有的支座约束力。这种解静不定梁的方法,称为变形比较法。

解静不定梁时,选择哪个约束为多余约束并不是固定的,可根据解题时的方便而定。选取的多余约束不同,相应的基本静定梁的形式和变形条件也随之而异。例如上述的静不定梁(图 7.14(a))也可选择阻止 A 端转动的约束为多余约束,相应的多余支座约束力则为力偶矩 M_A。解除这一多余约束后,固定端 A 将变为固定铰支座;相应的基本静定梁则为一简支梁,其上的载荷如图 7.14(b)所示。这时要求此梁满足的变形条件则是 A 端的转角为零,即

$$\theta_A=\theta_{Aq}+\theta_{AM_A}=0$$

由表 7.1 查得,因 q 和 M_A 而引起的截面 A 的转角分别为

$$\theta_{Aq}=-\frac{ql^3}{24EI_z}, \quad \theta_{AM_A}=\frac{M_Al}{3EI_z}$$

将其代入变形条件后,所得的补充方程为

$$-\frac{ql^3}{24EI_z}+\frac{M_Al}{3EI_z}=0$$

由此解得

$$M_A=\frac{ql^2}{8}$$

最后利用平衡方程解出其他支座反力,结果同前。

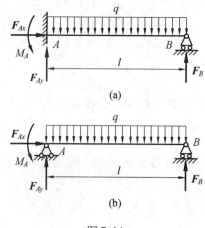

(a)

(b)

图 7.14

习　题

7.1　试用积分法求下列悬臂梁自由端截面的转角和挠度。

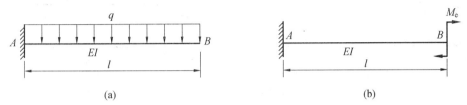

(a)　　　　　　　　　　　　(b)

题 7.1 图

7.2　试用积分法求下列简支梁 A、B 截面的转角和跨中截面 C 的挠度。

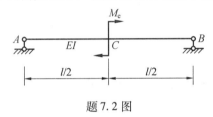

题 7.2 图

7.3　一工字形钢的简支梁,梁上载荷如图所示,已知 $l=6$ m,$F=10$ kN,$q=4$ kN/m,$\left[\dfrac{f}{l}\right]=\dfrac{1}{400}$,工字钢的型号为 20 b,钢材的弹性模量 $E=2\times10^5$ MPa。试校核梁的刚度。

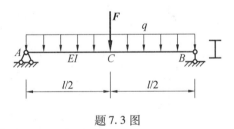

题 7.3 图

7.4　一工字形简支梁,梁上载荷如图所示,已知 $l=6$ m,$q=8$ kN/m,$M_e=4$ kN·m,材料的许用力 $[\sigma]=170$ MPa,弹性模量 $E=2\times10^5$ MPa,梁的允许挠度 $\left[\dfrac{f}{l}\right]$。试选择工字刚的型号并校核梁的刚度。

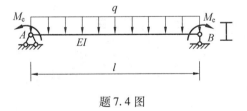

题 7.4 图

7.5　图示各梁的抗弯刚度均为常数,试分别画出各梁的挠曲线大致形状。

7.6　写出图示各梁定积分常数的条件,其中,图(c)BC 杆的抗拉刚度为 EA,图(d)支座 B 处的弹簧刚度为 K(N/m),梁的抗弯刚度均为常量。

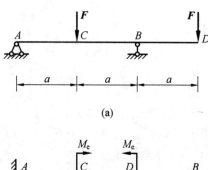

(a)

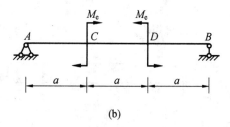

(b)

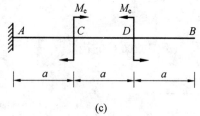

(c)

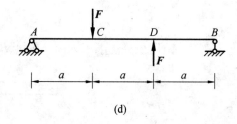

(d)

题7.5 图

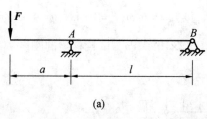

(a)

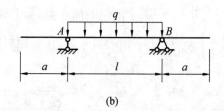

(b)

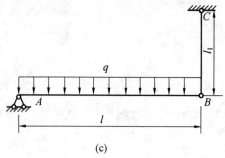

(c)

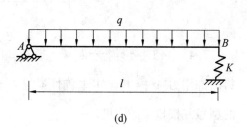

(d)

题7.6 图

7.7　用积分法求图示各梁的挠曲线方程及自由端的挠度和转角。抗弯刚度 EI_z 均为常量。

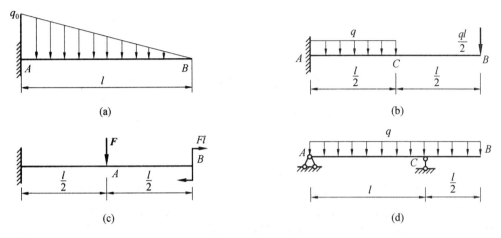

题 7.7 图

7.8　试用叠加法求图示各梁 A 截面的挠度及 B 截面的转角。抗弯刚度 EI_z 均为常量。

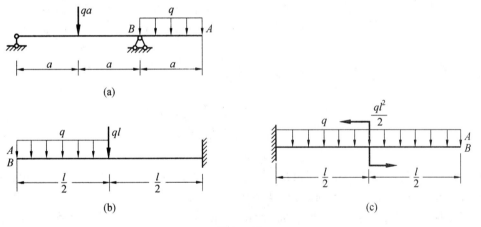

题 7.8 图

第 8 章

应力状态和强度理论

前面章节中,我们讨论了杆件在轴向拉伸与压缩、扭转、弯曲等几种基本变形中横截面上的应力,这些基本变形危险截面上的危险点只承受正应力或者切应力,我们通过试验确定了失效时的极限应力,并建立了相应的强度条件。

但是在工程中,还会遇到一些复杂的强度问题。受力构件的某些横截面上会同时承受正应力和切应力,对于这类构件,不能分别对正应力和切应力进行强度计算,因为这些截面上的正应力和切应力并非分别对构件的破坏起作用,而是有联系的。但是由于受力的形式多种多样,不可能一一通过试验确定失效时的极限应力。因此,考虑研究在各种不同受力形式下构件破坏的规律,假设失效的共同原因,从而利用轴向拉伸的试验结果,建立复杂情况下的强度条件。

为了分析构件失效的原因,需要研究过一点不同方向面上应力之间的关系,以此为基础建立复杂受力下的强度条件。

8.1 应力状态的概念

通过前面的学习我们知道,构件在发生轴向拉压、扭转、弯曲等基本变形时,并非都是沿着构件的横截面破坏的。例如,铸铁受压破坏时,试件沿着与轴线成 45°的斜截面破坏;在低碳钢拉伸至屈服时,试件表面会出现与轴线成 45°夹角的滑移线;铸铁圆试件扭转时,沿 45°螺旋面断开。这些现象表明杆件的破坏还与斜截面上的应力有关。因此,需要研究构件斜截面上的应力。通过构件内一点有无数个截面,同一点位于不同截面上的应力是不同的。所谓一点的应力状态,就是过构件内一点所有不同截面上应力的集合。利用静力学平衡条件,分析过一点的不同截面上应力间的相互关系及其变化规律,称为应力状态分析。

为了描述一点的应力状态,一般围绕该点截取一个微小的正六面体,当六面体沿三个方向的尺寸趋于无穷小时,便趋于该点,这种六面体称为微元体。例如,如图 8.1(a)所示的发生轴向拉伸变形的构件中,为了分析过 A 点的应力状态,可以围绕 A 点以一对横截面和两对纵截面截出一个微元体来研究,这个微元体只在垂直于轴线的平面上有均匀分布的正应力 $\sigma_x = \dfrac{F}{A}$,而其他各平面上都没有应力。如图 8.1(b)所示的发生弯曲变形的梁,在上、下边缘的 B 和 B' 点处,也可以分别围绕这两点截出一个微元体。这两个微元体只在垂直于梁轴线的平面上有正应力 σ_x。如图 8.1(c)所示圆轴扭转时,若在轴表面处截取微元体,则在垂直于轴线的平面上有切应力 τ_x,由切应力互等定理,在沿轴线的平面上有大小相等的切应力 τ_y。而对于同时发生弯曲和扭转变形的圆杆如图 8.1(d)所示,若围绕 D 点截取微元体,则存在由弯曲而产生的正应力,还有因扭转而产生的切应力 τ_x、τ_z。

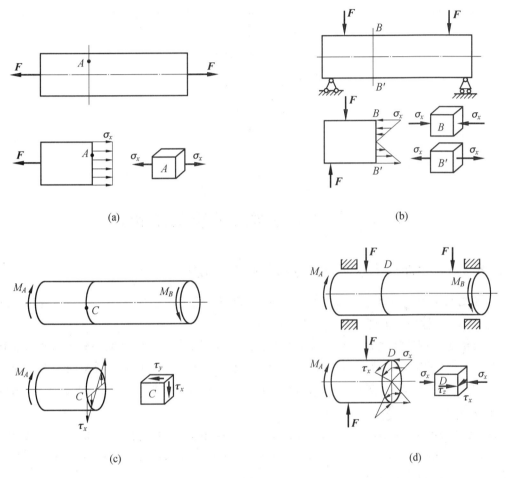

图 8.1

截取微元体时,强调其左、右两侧面位于横截面上,因为杆件在各基本变形下横截面上的应力都可以通过公式计算。而由于单元体都是围绕受力构件上一点截取的,所以其各面上存在的应力大小及方向将随构件的受力情况和点的位置而不同。为了研究的方便,常将图 8.1(a)、(b)、(c)、(d)所示的空间单元体用图 8.2 所示的平面图形来表示。

一点的应力状态分为平面应力状态和空间应力状态,若微元体各个面上所受应力的作用线都处于同一平面内,这种应力状态称为平面应力状态。平面应力状态中,只受一个方向正应力作用的,称为单向应力状态,例如轴向拉伸压缩变形;只受切应力作用的,称为纯剪切应力状态,例如扭转变形。若单元体各面上的应力不全位于平行的平面内,则称为空间应力状态,如图 8.3 所示的单元体。

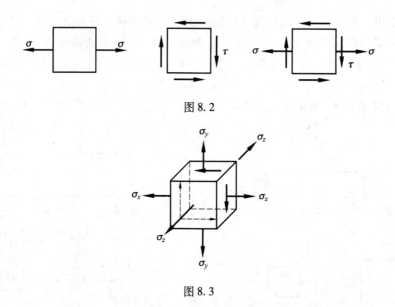

图 8.2

图 8.3

8.2 平面应力状态分析的解析法

8.2.1 平面应力状态下任意斜截面上的应力

如图 8.4 所示的单元体,为平面应力状态的一般情况。已知 σ_x、τ_x、σ_y、τ_y,现讨论此单元体内与 z 轴平行的任意斜截面上的应力。

过给定点用外法线 n 与 x 轴的夹角为 α 的斜截面在微元体中截取一分离体并考虑其平衡。n 和 t 分别为斜截面的外法线方向和切线方向,σ_α 和 τ_α 分别为斜截面上的正应力和切应力。角度 α 为 x 轴旋转至截面外法线的方向角,逆时针旋转为正,反之为负。由平衡条件 $\sum F_n = 0$ 和 $\sum F_t = 0$ 得

$$\sigma_\alpha dA - (\sigma_x dA\cos\alpha)\cos\alpha + (\tau_x dA\cos\alpha)\sin\alpha - (\sigma_y dA\sin\alpha)\sin\alpha + (\tau_y dA\sin\alpha)\cos\alpha = 0$$

$$\tau_\alpha dA - (\sigma_x dA\cos\alpha)\sin\alpha - (\tau_x dA\cos\alpha)\cos\alpha + (\sigma_y dA\sin\alpha)\cos\alpha + (\tau_y dA\sin\alpha)\sin\alpha = 0$$

式中　dA——斜截面的面积;

$dA\cos\alpha$、$dA\sin\alpha$——与 x 和 y 轴相垂直的两截面的面积。

由切应力互等定理,$\tau_x = \tau_y$,则上式可简化为

$$\sigma_\alpha = \sigma_x \cos^2\alpha + \sigma_y \sin^2\alpha - 2\tau_x \sin\alpha\cos\alpha \tag{a}$$

$$\tau_\alpha = (\sigma_x - \sigma_y)\sin\alpha\cos\alpha + \tau_x(\cos^2\alpha - \sin^2\alpha) \tag{b}$$

又由三角函数关系:

$$\left.\begin{array}{l} \cos^2\alpha = \dfrac{1+\cos 2\alpha}{2} \\[3mm] \sin^2\alpha = \dfrac{1-\cos 2\alpha}{2} \\[3mm] 2\sin\alpha\cos\alpha = \sin 2\alpha \end{array}\right\}$$

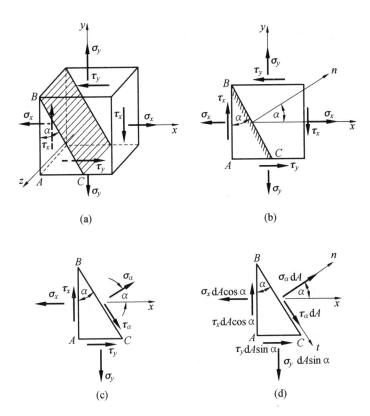

图 8.4

将其代入式（a）、（b），得

$$\sigma_\alpha = \frac{\sigma_x + \sigma_y}{2} + \frac{\sigma_x - \sigma_y}{2}\cos 2\alpha - \tau_x \sin 2\alpha \tag{8.1}$$

$$\tau_\alpha = \frac{\sigma_x - \sigma_y}{2}\sin 2\alpha + \tau_x \cos 2\alpha \tag{8.2}$$

这样，利用式（8.1）和（8.2），就可求得任意斜截面上的正应力和切应力。

将式（8.1）和（8.2）中的 α 用 $\alpha + 90°$ 置换，得

$$\sigma_{\alpha+90°} = \frac{\sigma_x + \sigma_y}{2} - \frac{\sigma_x - \sigma_y}{2}\cos 2\alpha + \tau_x \sin 2\alpha \tag{c}$$

$$\tau_{\alpha+90°} = -\frac{\sigma_x - \sigma_y}{2}\sin 2\alpha - \tau_x \cos 2\alpha \tag{d}$$

由式（8.1）和式（c）相加得

$$\sigma_\alpha + \sigma_{\alpha+90°} = \sigma_x + \sigma_y$$

即平面应力状态下，过一点互相垂直的两个截面上正应力之和为常数。

式（8.2）和式（d）比较得

$$\tau_\alpha = -\tau_{\alpha+90°}$$

再次证明了切应力互等定理。

8.2.2 主应力与主平面、主切应力与主切平面

由式(8.1)和(8.2)可知,斜截面上的应力分量 σ_α 和 τ_α 是随角 α 连续变化的函数。在分析构件的强度时关心的是应力的极值及其作用面,由于 σ_α 和 τ_α 是 α 的连续函数,因此,可以利用高等数学中求极值的方法来确定应力极值及其所在的截面。

1. 主应力与主平面

由式(8.1),令 $\dfrac{\mathrm{d}\sigma_\alpha}{\mathrm{d}\alpha}=0$,得

$$\frac{\mathrm{d}\sigma_\alpha}{\mathrm{d}\alpha}=\frac{\sigma_x-\sigma_y}{2}(-2\sin 2\alpha)-\tau_x(2\cos 2\alpha)=0$$

即

$$\frac{\sigma_x-\sigma_y}{2}\sin 2\alpha+\tau_x\cos 2\alpha=0$$

上式与式(8.2)比较可知,切应力为零的平面上正应力取得极值,该平面为主平面,其上的正应力为主应力。

若以 α_σ 表示主平面的方位角,则由上式解得

$$\tan 2\alpha_\sigma=-\frac{2\tau_x}{\sigma_x-\sigma_y} \tag{8.3}$$

上式在360°范围内可确定 α_σ 的两个解,即 α_σ 和 $\alpha_\sigma{}'=\alpha_\sigma+90°$。这表明,两个主平面是互相垂直的,其上主应力用 $\sigma_{\max}$、$\sigma_{\min}$ 表示。

由式(8.3)及三角函数关系求得 $\cos 2\alpha_\sigma$ 和 $\sin 2\alpha_\sigma$,代入式(8.1),得主应力为

$$\left.\begin{array}{r}\sigma_{\max}\\ \sigma_{\min}\end{array}\right\}=\frac{\sigma_x+\sigma_y}{2}\pm\sqrt{\left(\frac{\sigma_x-\sigma_y}{2}\right)^2+\tau_x^2} \tag{8.4}$$

由主平面的定义,在平面应力状态中,单元体上没有应力作用的一对平面也是主平面,它与另外两个主平面也互相垂直。在三个主平面上的主应力通常用 σ_1、σ_2 和 σ_3 来表示,并按数值大小顺序排列,即 $\sigma_1 \geqslant \sigma_2 \geqslant \sigma_3$。例如,一平面应力状态的单元体,若其上的主应力分别为+150 MPa、+50 MPa,则 $\sigma_1=+150$ MPa,$\sigma_2=+50$ MPa,$\sigma_3=0$;若两主应力分别为+150 MPa、-50 MPa,则 $\sigma_1=+150$ MPa,$\sigma_2=0$,$\sigma_3=-50$ MPa。

2. 主切应力与主切平面

在所有平行于 z 轴的一组平面内切应力的极值为主切应力,其作用面为主切平面。

由式(8.2),令 $\dfrac{\mathrm{d}\tau_\alpha}{\mathrm{d}\alpha}=0$,得

$$(\sigma_x-\sigma_y)\cos 2\alpha-2\tau_x\sin 2\alpha=0$$

若以 α_τ 表示主切平面方位角,则由上式可得

$$\tan 2\alpha_\tau=\frac{\sigma_x-\sigma_y}{2\tau_x} \tag{8.5}$$

上式也可确定互成90°的两个 α_τ 值,即 α_τ 和 $\alpha_\tau{}'=\alpha_\tau+90°$。比较式(8.3)和(8.5)可得

$$\tan 2\alpha_\tau = -\cot 2\alpha_\sigma = \tan(2\alpha_\tau + 90°)$$

$$\alpha_\tau = \alpha_\sigma + 45° \tag{8.6}$$

即 α_τ 与 α_σ 相差 $45°$，即主切平面与主平面成 $45°$ 角。主切平面与主平面的关系为：由 σ' 作用面顺时针转 $45°$ 至 τ' 作用面，逆时针转 $45°$ 至 τ'' 作用面。τ' 与 τ'' 分别作用在互相垂直的平面上，大小相等，符合切应力互等定理。

由式(8.5)求出 $\sin 2\alpha_\tau$ 及 $\cos 2\alpha_\tau$ 后，代入式(8.2)可求得主切应力为

$$\left.\begin{array}{r}\tau_{max}\\ \tau_{min}\end{array}\right\} = \pm\sqrt{\left(\frac{\sigma_x - \sigma_y}{2}\right)^2 + \tau_x^2} \tag{8.7}$$

由式(8.4)知

$$\sigma_{max} - \sigma_{min} = 2\sqrt{\left(\frac{\sigma_x - \sigma_y}{2}\right)^2 + \tau_x^2} = 2\tau_{max}$$

即得主应力与主切应力的关系式为

$$\left.\begin{array}{r}\tau_{max}\\ \tau_{min}\end{array}\right\} = \pm\frac{\sigma_{max} - \sigma_{min}}{2} \tag{8.8}$$

由 $\dfrac{\mathrm{d}\tau_\alpha}{\mathrm{d}\alpha} = 0$ 及式(8.1)可得

$$\sigma_m = \frac{\sigma_x + \sigma_y}{2}$$

即主切平面上的正应力恒为平均应力。

【例8.1】　求图8.5中所示单元体的主应力和主切应力。

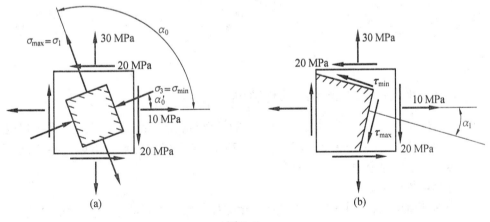

图 8.5

解　(1)求主应力。

已知 $\sigma_x = 10$ MPa，$\sigma_y = 30$ MPa，$\tau_x = 20$ MPa，将其代入式(8.4)，得主应力为

$$\left.\begin{array}{r}\sigma_{max}\\ \sigma_{min}\end{array}\right\} = \frac{\sigma_x + \sigma_y}{2} \pm \sqrt{\left(\frac{\sigma_x - \sigma_y}{2}\right)^2 + \tau_x^2} = \frac{10 + 30}{2} \pm \sqrt{\left(\frac{10 - 30}{2}\right)^2 + 20^2} \text{ MPa} = \begin{cases} +42.4 \text{ MPa}\\ -2.4 \text{ MPa}\end{cases}$$

则 $\sigma_1 = \sigma_{max} = 42.4$ MPa，$\sigma_2 = 0$，$\sigma_3 = \sigma_{min} = -2.4$ MPa。

（2）确定主平面的方位角。

由式（8.3）得

$$\tan 2\alpha_\sigma = -\frac{2\tau_x}{\sigma_x - \sigma_y} = -\frac{2 \times 20}{10 - 30} = 2$$

解得 $\alpha_\sigma = 121°43'$ 和 $31°43'$。

（3）求主切应力。

由式（8.7）得

$$\left.\begin{array}{c}\tau_{max} \\ \tau_{min}\end{array}\right\} = \pm\sqrt{\left(\frac{\sigma_x - \sigma_y}{2}\right)^2 + \tau_x^2} = \pm\sqrt{\left(\frac{10-30}{2}\right)^2 + 20^2}\ \text{MPa} = \pm 22.4\ \text{MPa}$$

或

$$\left.\begin{array}{c}\tau_{max} \\ \tau_{min}\end{array}\right\} = \pm\frac{\sigma_{max} - \sigma_{min}}{2} = \pm\frac{42.4 - (-2.4)}{2}\text{MPa} = \pm 22.4\ \text{MPa}$$

（4）确定主切平面的方位角。

$$\tan 2\alpha_\tau = \frac{\sigma_x - \sigma_y}{2\tau_{xy}} = \frac{10-30}{2 \times 20} = -0.5$$

解得 $\alpha_\tau = -13°17'$ 和 $76°43'$。主单元体如图 8.6 所示。

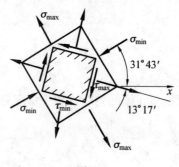

图 8.6

8.2.3　平面应力状态下的几种特例

前面已经讨论了平面应力状态下过一点的任意斜截面上的应力、主应力及主切应力，并得到了相关公式（8.1）、（8.2）、（8.4）、（8.7），为了更好地理解与掌握这些公式，这里将结合各基本变形讨论如何具体应用。

1. 轴向拉伸与压缩

杆件在轴向拉伸时，围绕任一点截取一单元体如图 8.7 所示，这是单向应力状态。

由式（8.1）、（8.2），令式中 $\sigma_x = \sigma$，$\sigma_y = 0$，$\tau_x = 0$，由此可得单向应力状态下单元体任意斜截面上的应力

$$\sigma_\alpha = \sigma_x \cos^2\alpha \tag{8.9}$$

$$\tau_\alpha = \frac{\sigma_x}{2}\sin 2\alpha \tag{8.10}$$

当 $\alpha = \pm 45°$ 时，可得主切应力为

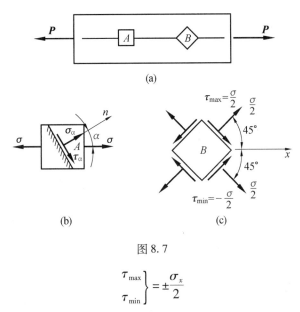

图 8.7

$$\left.\begin{array}{c}\tau_{\max}\\\tau_{\min}\end{array}\right\}=\pm\frac{\sigma_x}{2}$$

当 $\alpha=0°$ 时,可得主应力为 σ_x。

由此可知,在轴向拉伸与压缩时,杆件横截面上的正应力为主应力,主切应力在与杆件轴线成 $\pm45°$ 角的斜截面上。如果杆件在轴向拉伸(压缩)时,沿与杆轴成 $\pm45°$ 的斜截面截取单元体,则其应力状态如图 8.7(c)所示,其 4 个斜截面上除主切应力外还有正应力,其实也是单向应力状态。

2. 扭转

如图 8.8 所示圆轴扭转时,围绕横截面的周边上任一点截取一单元体,则此单元体处于纯剪切应力状态。由式(8.1)、(8.2),令 $\sigma_x=\sigma_y=0$,得此单元体任意斜截面上的应力为

$$\sigma_\alpha=-\tau_x\sin 2\alpha$$

$$\tau_\alpha=\tau_x\cos 2\alpha$$

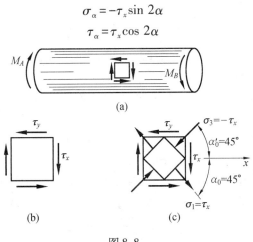

图 8.8

由上式可知,当 $\alpha_\sigma=+45°$ 时,有主应力和主切应力

$$\sigma_1=\sigma_{\max}=\tau_x$$

$$\sigma_3 = \sigma_{\min} = -\tau_x$$

$$\tau_{\max} = \tau_x$$

式中 τ_x——圆轴扭转时横截面上的切应力,按式 $\tau_x = \dfrac{T}{I_p} \cdot \rho$ 计算,τ_x 随点的位置不同而不同。

3. 弯曲

围绕发生剪力弯曲梁上任一点截取一单元体如图 8.9 所示,由式(8.1)、(8.2)、(8.4)、(8.7),令 $\sigma_y = 0$ 得

$$\sigma_\alpha = \frac{\sigma_x}{2} + \frac{\sigma_x}{2}\cos 2\alpha - \tau_x \sin 2\alpha$$

$$\tau_\alpha = \frac{\sigma_x}{2}\sin 2\alpha + \tau_x \cos 2\alpha$$

$$\left.\begin{array}{c}\sigma_{\max}\\\sigma_{\min}\end{array}\right\} = \frac{\sigma_x}{2} \pm \sqrt{\left(\frac{\sigma_x}{2}\right)^2 + \tau_x^2}$$

$$\left.\begin{array}{c}\tau_{\max}\\\tau_{\min}\end{array}\right\} = \pm \sqrt{\left(\frac{\sigma_x}{2}\right)^2 + \tau_{xy}^2}$$

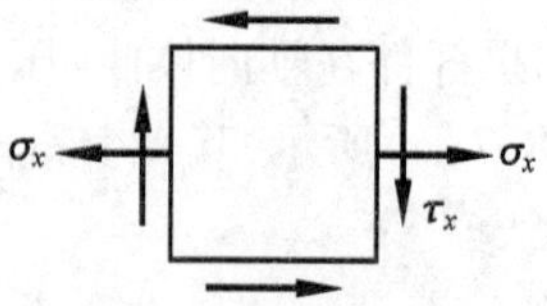

图 8.9

8.3 空间应力状态

围绕受力构件中任一点截取出的空间应力状态的单元体,其三个互相垂直平面上的应力是任意方向的,一般将其分解为垂直于其作用面的正应力和平行于单元体棱边的两个切应力,如图 8.10(a)所示。与平面应力状态类似,对于这样的单元体,也可以找到三对相互垂直的没有切应力的平面,按这三对平面截取的单元体只有三个主应力作用,如图8.10(b)所示。

在工程中,空间应力状态也普遍存在。例如,如图 8.11 所示在地层一定深度处所取的单元体,在铅垂向受到地层的压力,故在上下平面上有主应力 σ_3,且由于被周围材料所包围,侧向变形受到阻碍,故单元体的 4 个侧面也受到压力,因而有主应力 σ_1 和 σ_2,所以这一单元体是空间应力状态。又如图 8.12 所示的滚珠轴承中的滚珠与内环的接触处,也是三向压缩的应力状态。

理论分析证明,对不同应力状态的单元体,第一主应力 σ_1 是沿不同方向截面上正应力的最大值,而第三主应力 σ_3 是沿各不同方向截面上正应力的最小值,即

$$\sigma_{\max} = \sigma_1, \quad \sigma_{\min} = \sigma_3$$

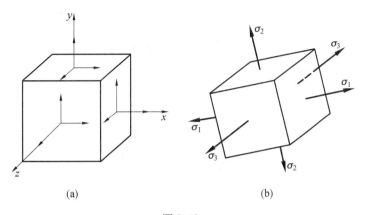

(a) 　　　　　　　　　　　(b)

图 8.10

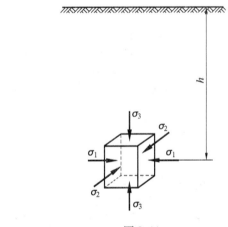

图 8.11

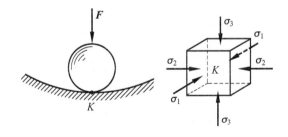

图 8.12

式(8.7)、(8.8)求得的最大切应力,只是垂直于 xy 平面的斜截面上的切应力的最大值,不一定是过一点的所有方位面上切应力的最大值。

图 8.13(a)为处于三向应力状态的点,其中 $\sigma_1 > \sigma_2 > \sigma_3$,现求最大切应力。

在平行于主应力 σ_1 方向的任意斜截面上,其正应力和切应力均与 σ_1 无关,可看作图 8.13(b)。正应力的极值为

$$\sigma_{\max} = \sigma_2, \quad \sigma_{\min} = \sigma_3$$

由式(8.8)得

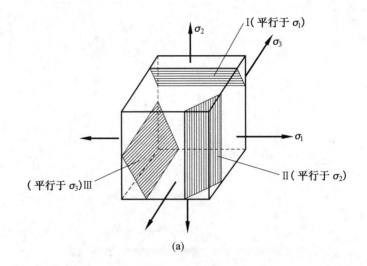

(a)

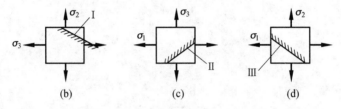

图 8.13

$$\tau_{max} = \frac{\sigma_{max} - \sigma_{min}}{2} = \frac{\sigma_2 - \sigma_3}{2} \tag{a}$$

同理,平行于 σ_2 方向的斜截面可看作图 8.13(c),正应力的极值为

$$\sigma_{max} = \sigma_1, \qquad \sigma_{min} = \sigma_3$$

$$\tau_{max} = \frac{\sigma_{max} - \sigma_{min}}{2} = \frac{\sigma_1 - \sigma_3}{2} \tag{b}$$

平行于 σ_3 方向的斜面可看作图 8.13(d)。

$$\sigma_{max} = \sigma_1, \qquad \sigma_{min} = \sigma_2$$

$$\tau_{max} = \frac{\sigma_{max} - \sigma_{min}}{2} = \frac{\sigma_1 - \sigma_2}{2} \tag{c}$$

比较(a)、(b)、(c)三式可知,过一点的所有截面上切应力的最大值为

$$\tau_{max} = \frac{\sigma_1 - \sigma_3}{2} \tag{8.11}$$

其作用面与最大主应力 σ_1 和最小主应力 σ_3 所在平面成 45°角,且与主应力 σ_2 的作用面垂直,如图 8.14 所示。最大切应力作用面上的正应力值为 $\frac{\sigma_1 + \sigma_3}{2}$。

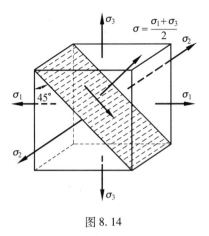

图 8.14

8.4 广义胡克定律

本节讨论空间应力状态下应力与应变的关系。前面曾介绍过轴向拉伸构件的变形计算,得到了单向应力状态下应力与应变的关。如图 8.15 所示,由胡克定律,与应力方向一致的纵向应变为

$$\varepsilon = \frac{\sigma}{E}$$

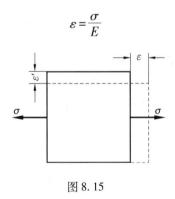

图 8.15

垂直于应力方向的横向应变为

$$\varepsilon' = -\mu\varepsilon = -\mu\frac{\sigma}{E}$$

如图 8.16(a)所示在空间应力状态下,单元体同时受到 σ_1、σ_2 和 σ_3 的作用,则由 σ_1、σ_2 及 σ_3 引起的应变分别为

$$\varepsilon'_1 = \frac{\sigma_1}{E}, \quad \varepsilon''_1 = -\mu\frac{\sigma_2}{E}, \quad \varepsilon'''_1 = -\mu\frac{\sigma_3}{E}$$

如图 8.16(b)、(c)、(d)所示。

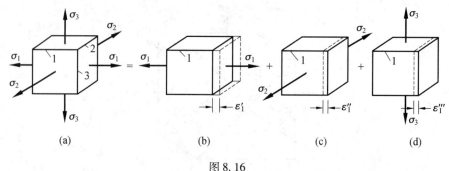

图 8.16

由叠加原理,沿主应力 σ_1 方向的总应变为

$$\varepsilon_1 = \varepsilon'_1 + \varepsilon''_1 + \varepsilon'''_1$$

即

$$\left.\begin{aligned}
\varepsilon_1 &= \frac{1}{E}\left[\sigma_1 - \mu(\sigma_2+\sigma_3)\right] \\
\varepsilon_2 &= \frac{1}{E}\left[\sigma_2 - \mu(\sigma_1+\sigma_3)\right] \\
\varepsilon_3 &= \frac{1}{E}\left[\sigma_3 - \mu(\sigma_1+\sigma_2)\right]
\end{aligned}\right\} \tag{8.12}$$

上式即为空间应力状态下,任意一点处沿主应力方向的线应变与主应力之间的关系,称之为广义胡克定律。此式在线弹性条件下才能成立。式中的 σ_1、σ_2、σ_3 均应以代数值代入,求出的 ε_1、ε_2、ε_3,若为正值表示线应变为伸长,负值则表示线应变为缩短,按代数值大小顺序排列为 $\varepsilon_1 \geqslant \varepsilon_2 \geqslant \varepsilon_3$,且沿 σ_1 方向的线应变 ε_1 是所有方向线应变中的最大值。

在线弹性和小变形条件下,切应力不引起线应变。因此,若单元体各面不是主平面,由进一步理论研究得到,对各向同性材料来说,只要应力值不超过比例极限,上述关系仍成立,即得线应变 ε_x、ε_y、ε_z 与正应力 σ_x、σ_y、σ_z 之间的关系式:

$$\varepsilon_x = \frac{1}{E}\left[\sigma_x - \mu(\sigma_y+\sigma_z)\right]$$

$$\varepsilon_y = \frac{1}{E}\left[\sigma_y - \mu(\sigma_x+\sigma_z)\right]$$

$$\varepsilon_z = \frac{1}{E}\left[\sigma_z - \mu(\sigma_x+\sigma_y)\right]$$

对于平面应力状态,相当于空间应力状态下广义胡克定律中 $\varepsilon_3 = 0$,即得平面应力状态下广义胡克定律:

$$\varepsilon_1 = \frac{1}{E}(\sigma_1 - \mu\sigma_2)$$

$$\varepsilon_2 = \frac{1}{E}(\sigma_2 - \mu\sigma_1)$$

$$\varepsilon_3 = -\frac{\mu}{E}(\sigma_1 + \sigma_2)$$

8.5　强度理论

由第 2 章中材料在轴向载荷下的试验可知,当材料所受的应力达到极限应力时,材料将发生强度失效——断裂或屈服。实践证明,不同材料的失效形式不同,即使同一材料在不同应力状态下失效形式也可能不同。大量实践观察和试验结果表明,材料强度失效的形式只有几种,而某一种失效形式都是由某一共同因素引起的。因此,在分析构件在复杂应力状态下的强度时,还须考虑材料的破坏形式,假设失效的共同原因,利用简单试验结果去建立材料在复杂应力状态下的强度条件。

8.5.1　材料破坏的基本形式

在前面章节中,了解了某些材料的破坏现象。铸铁在轴向拉伸和扭转时,在未产生明显塑性变形的情况下就发生断裂,这种破坏形式称为断裂。低碳钢在轴向拉伸时,当试件的应力达到屈服极限时,发生明显的塑性变形,这种材料破坏形式称为屈服。一般情况下,脆性材料的破坏形式是断裂,塑性材料的破坏形式是屈服。

材料在外力作用下是否发生破坏,取决于构件的应力是否超过材料的极限应力。例如,如图 8.17(a)所示,当铸铁拉伸时,试件沿横截面发生断裂,是由此截面上的最大正应力引起的。铸铁扭转时,由于在与轴线成 45°的螺旋面上有最大拉应力,因而使试件沿此螺旋面被拉断,如图 8.17(b)所示。

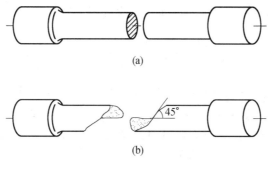

图 8.17

试验证明,同一种材料在不同的应力状态下,会发生不同形式的破坏。例如,铸铁在拉伸时呈脆性断裂,而在压缩时则有较大的塑性变形。在三向拉伸应力状态下,塑性材料也会发生脆性断裂。而若材料处于三向压缩应力状态,却表现为有较大的塑性。

由此可知,压应力本身并不是造成材料破坏的原因,而是由它引起的切应力;构件内的切应力将使材料产生塑性变形;在三向压缩应力状态下,脆性材料也会发生塑性变形;拉应力则易于使材料产生脆性断裂;而三向拉伸应力状态则使材料发生脆性断裂的倾向最大。这说明材料所处的应力状态,对其破坏形式有很大影响。

8.5.2　强度理论

前面介绍了构件在轴向拉伸压缩、扭转和弯曲时的强度计算,并建立了相应的强度条

件。例如,轴向拉伸压缩时的强度条件为

$$\sigma = \frac{F_N}{A} \leq [\sigma] = \frac{\sigma_u}{n}$$

式中　σ_u——材料的极限应力,即 σ_s 或 σ_b,可通过试验测得,故上述强度条件是在试验基础上建立的。

在工程实际中,还常遇到一些受力复杂的构件,其危险点处于复杂应力状态,不能用许用应力与极限应力比较的方法来建立强度条件。如果直接用试验方法来确定材料的极限应力,那么需要三个主应力 σ_1、σ_2 和 σ_3 的不同组合,对各种应力状态进行试验,以测定材料在各种复杂应力状态下的极限应力值。但复杂应力状态下 σ_1、σ_2 和 σ_3 有无数种组合,且为实现各种应力状态所需的试验设备和方法较复杂,故根据材料破坏的现象,总结材料破坏的规律,做出假设。强度理论是经过实践检验为正确的关于材料达到极限状态而失效的假设。一般认为,无论何种应力状态,无论何种材料,只要失效形式相同,便具有相同的失效原因。

1. 断裂强度准则

(1)第一强度理论(最大拉应力理论)。

第一强度理论认为引起材料断裂的主要因素是最大拉应力。即:无论材料处于何种应力状态,只要最大拉应力 σ_1 达到与材料性质有关的某一极限值,材料就断裂。断裂准则为

$$\sigma_1 = \sigma_b$$

考虑安全储备,将极限应力除以安全系数得许用应力 $[\sigma]$,故按第一强度理论建立的强度条件为

$$\sigma_1 \leq \frac{\sigma_b}{n} = [\sigma] \tag{8.13}$$

铸铁等脆性材料在单向拉伸作用下,断裂发生于拉应力最大的横截面;脆性材料的扭转断裂也沿拉应力最大的斜截面。这些都由最大拉应力理论解释得很好,但这一理论没有考虑到第二主应力和第三主应力对材料断裂的影响,且对没有拉应力的应力状态(如单向压缩、三向压缩等)也与试验不相符。

(2)第二强度理论(最大伸长线应变理论)。

第二强度理论认为引起材料脆性断裂的主要因素是最大伸长线应变。即无论材料处于何种应力状态,只要最大伸长线应变 ε_1 达到与材料性质有关的某一极限值,材料就断裂。断裂准则为

$$\varepsilon_1 = \varepsilon_u \tag{a}$$

若材料轴向拉伸时服从胡克定律,则极限伸长线应变为 $\varepsilon_u = \frac{\sigma_b}{E}$。

再由复杂应力状态下的广义胡克定律:

$$\varepsilon_1 = \frac{1}{E}[\sigma_1 - \mu(\sigma_2 + \sigma_3)]$$

代入式(a)得断裂准则:

$$\sigma_1 - \mu(\sigma_2 + \sigma_3) = \sigma_b$$

考虑安全储备,将 σ_b 除以安全系数得许用应力 $[\sigma] = \dfrac{\sigma_b}{n}$,于是按第二强度理论建立的强度条件为

$$\sigma_1 - \mu(\sigma_2 + \sigma_3) \leqslant [\sigma] \tag{8.14}$$

大理石等脆性材料受轴向压缩时,如果在试验机与试件的接触面上加润滑剂以减小摩擦力的影响,试件将沿纵向开裂,方向就是 ε_1 的方向。铸铁在压应力为主的拉压应力状态,试验结果也与这一理论符合得很好。

2. 屈服强度准则

(1)第三强度理论(最大切应力理论)。

第三理论认为引起材料屈服的主要因素是最大切应力。即无论材料处于何种应力状态,只要最大切应力 τ_{max} 达到与材料性质有关的某一极限值,材料就屈服。屈服准则为

$$\tau_{max} = \tau_u = \frac{\sigma_u}{2} = \frac{\sigma_s}{2}$$

由式(8.11)得,任意应力状态下 τ_{max} 的值为

$$\tau_{max} = \frac{\sigma_1 - \sigma_3}{2}$$

则屈服准则整理为

$$\frac{\sigma_1 - \sigma_3}{2} = \frac{\sigma_s}{2} \tag{b}$$

或

$$\sigma_1 - \sigma_3 = \sigma_s$$

考虑安全储备,将 σ_s 除以安全系数得许用应力 $[\sigma] = \dfrac{\sigma_s}{n}$,于是按第三强度理论建立的强度条件为

$$\sigma_1 - \sigma_3 \leqslant [\sigma] \tag{8.15}$$

最大切应力理论较好地解释了塑性材料的屈服现象。如低碳钢轴向拉伸时,沿与轴线成 $45°$ 的方向出现滑移线,就是由这一方向上的最大切应力引起的。这一准则与塑性材料试验符合很好。但此屈服准则未考虑到第二主应力 σ_2 对材料屈服的影响。

(2)第四强度理论(形变比能理论)。

上述第一、第三强度理论假设材料达到极限状态的因素是应力,第二强度理论假设材料达到极限状态的因素是应变,而同时考虑应力和应变两个因素的,即为能量。弹性体在外力作用下要发生变形,载荷要做功,因变形而储存在弹性体内的能量称为应变能。一般在外力作用下,弹性体的形状和体积均要发生改变,故应变能又分为形状改变能和体积改变能。单位体积内的形状改变能称为形变比能。

形变比能理论认为,引起材料屈服的主要因素是形变比能。即无论材料处于何种应力状态,只要形变比能 u_f 达到与材料性质有关的某一极限值,材料就发生屈服。形变比能准则为

$$u_f = u_{fu}$$

这里略去形变比能的推导过程,直接给出其公式

$$u_f = \frac{1+\nu}{6E}[(\sigma_1-\sigma_2)^2+(\sigma_2-\sigma_3)^2+(\sigma_3-\sigma_1)^2]$$

$$u_{fu} = \frac{1+\nu}{6E}(2\sigma_u^2)$$

则屈服准则整理为

$$\sqrt{\frac{1}{2}[(\sigma_1-\sigma_2)^2+(\sigma_2-\sigma_3)^2+(\sigma_3-\sigma_1)^2]} = \sigma_s$$

考虑安全储备,将 σ_s 除以安全系数得许用应力 $[\sigma]=\dfrac{\sigma_s}{n}$,则由第四强度理论建立的强度条件为

$$\sqrt{\frac{1}{2}[(\sigma_1-\sigma_2)^2+(\sigma_2-\sigma_3)^2+(\sigma_3-\sigma_1)^2]} \leq [\sigma] \tag{8.16}$$

这一准则与塑性材料试验符合很好。对大多数塑性材料,第四强度理论符合的程度比第三强度理论更好。

根据 4 个强度理论建立的强度条件,可归纳为统一的形式:

$$\sigma_{ri} \leq [\sigma]$$

式中 σ_{ri}——相当应力。

4 个强度理论对应的相当应力分别为

$$\left.\begin{array}{l}\sigma_{r1}=\sigma_1\\\sigma_{r2}=\sigma_1-\mu(\sigma_2+\sigma_3)\\\sigma_{r3}=\sigma_1-\sigma_3\\\sigma_{r4}=\sqrt{\dfrac{1}{2}[(\sigma_1-\sigma_2)^2+(\sigma_2-\sigma_3)^2+(\sigma_3-\sigma_1)^2]}\end{array}\right\} \tag{8.17}$$

以上介绍了 4 个经典强度理论。一般而言,铸铁、石料、混凝土、玻璃等脆性材料,其失效形式是断裂,适合采用第一和第二强度理论。碳钢、铜、铝等塑性材料,失效形式是屈服,应采用第三和第四强度理论。

【例 8.2】 从构件的危险点处截取一单元体如图 8.18(a)所示,已知材料的屈服极限 $\sigma_s=280$ MPa。试按最大切应力理论和形变比能理论计算构件的工作安全系数。

解 单元体处于空间应力状态,在垂直与 z 轴的平面上的应力 σ_z 是其中一个主应力。

(1)求主应力。

已知 $\sigma_x=100$ MPa, $\sigma_y=0$, $\tau_x=-40$ MPa,代入式(8.4)得

$$\left.\begin{array}{l}\sigma_{max}\\\sigma_{min}\end{array}\right\} = \frac{\sigma_x}{2}\pm\sqrt{\left(\frac{\sigma_x}{2}\right)^2+\tau_{xy}^2} = \frac{100}{2}\pm\sqrt{\left(\frac{100}{2}\right)^2+(-40)^2} = \begin{cases}144\text{ MPa}\\-14\text{ MPa}\end{cases}$$

以主应力表示的三向应力状态下的单元体如图 8.18(b)所示,3 个主应力分别为

$$\sigma_1=140\text{ MPa}, \quad \sigma_2=114\text{ MPa}, \quad \sigma_3=-14\text{ MPa}$$

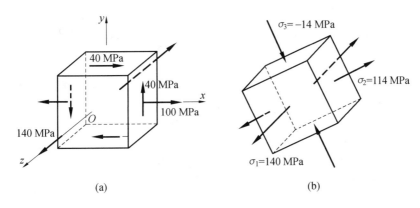

图 8.18

（2）计算工作安全系数。

按最大切应力理论，相当应力为

$$\sigma_{r3} = \sigma_1 - \sigma_3 = [140 - (-14)] \, \text{MPa} = 154 \, \text{MPa}$$

工作安全系数为

$$n_3 = \frac{\sigma_s}{\sigma_{r3}} = \frac{280}{154} = 1.82$$

按形变比能理论，相当应力为

$$\sigma_{r4} = \sqrt{\frac{1}{2}\left[(\sigma_1 - \sigma_2)^2 + (\sigma_2 - \sigma_3)^2 + (\sigma_3 - \sigma_1)^2\right]}$$

$$= \sqrt{\frac{1}{2}\left[(140 - 114)^2 + (114 + 14)^2 + (-14 - 140)^2\right]} \, \text{MPa}$$

$$= 143 \, \text{MPa}$$

工作安全系数

$$n_4 = \frac{\sigma_s}{\sigma_{r4}} = \frac{280}{143} = 1.96$$

通过比较可得，按最大切应力理论比按形变比能密度理论所得的工作安全系数小，故所得的截面尺寸要大一些。

8.6　弯曲与扭转的组合变形

以前各章分别讨论了杆件的拉伸（压缩）、剪切、扭转、弯曲等基本变形。工程结构中的某些构件又往往同时产生几种基本变形。例如，图 8.19（a）表示小型压力机的框架。为分析框架立柱的变形，将外力向立柱的轴线简化（见图 8.19（b）），便可看出，立柱承受了由 F 引起的拉伸和由 $M = F_a$ 引起的弯曲。这类由两种或两种以上基本变形组合的情况，称为组合变形。

机械传动中的一些构件，例如齿轮轴等，在产生扭转变形的同时，往往还有弯曲变形。当弯曲的影响不能忽略时，就应按弯曲与扭转的组合变形问题来计算。本节将讨论圆截面杆件在弯曲与扭转组合变形时的强度计算。

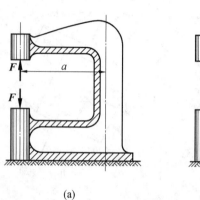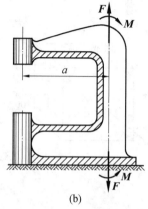

(a)   (b)

图 8.19　小型压力机的框架

设有一圆截面杆 AB,一端固定,一端自由;在自由端 B 处安装有一圆轮,并于轮缘处作用一集中力 F,如图 8.20(a)所示,现在研究杆 AB 的强度。为此,将力 F 向 B 端面的形心平移,得到一横向力 F 和矩为 $M_B = FR$ 的力偶,此时杆 AB 的受力情况可简化为如图 8.20(b)所示,横向力和力偶分别使杆 AB 发生平面弯曲和扭转。

作出 AB 杆的扭矩图和弯矩图(见图 8.20(c)、(d)),由图 8.20(d)可见,杆左端的弯矩最大,所以此杆的危险截面位于固定端处。危险截面上弯曲正应力和扭转切应力的分布规律如图 8.20(e)所示。由图可见,在 a 和 b 两点处,弯曲正应力和扭转切应力同时达到最大值,均为危险点,其上的最大弯曲正应力 σ 和最大扭转切应力 τ,分别为

$$\left.\begin{array}{l} \sigma = \dfrac{M}{W} \\[2mm] \tau = \dfrac{T}{W_t} \end{array}\right\}$$

式中:M 和 T 分别为危险截面的弯矩和扭矩;W 和 W_t 分别为抗弯截面系数和抗扭截面系数。如在 a、b 两危险点中的任一点,例如 a 点处取出一单元体,如图 8.20(f)所示,则由于此单元体处平面应力状态,故须用强度理论来进行强度计算。为此须先求单元体的主应力。可得

$$\left.\begin{array}{l} \sigma_1 \\[1mm] \sigma_3 \end{array}\right\} = \dfrac{\sigma}{2} \pm \sqrt{\left(\dfrac{\sigma}{2}\right)^2 + \tau^2}$$

另一主应力

$$\sigma_2 = 0$$

求得主应力后,即可根据强度理论进行强度计算。

机械传动中的轴一般都用塑性材料制成,因此应采用第三或第四强度理论。如用第三强度理论,其强度条件为

$$\sigma_{r3} = \sigma_1 - \sigma_3 \leqslant [\sigma]$$

将主应力代入上式,可得用正应力和切应力表示的强度条件为

$$\sigma_{r3} = \sqrt{\sigma^2 + 4\tau^2} \leqslant [\sigma] \tag{8.18}$$

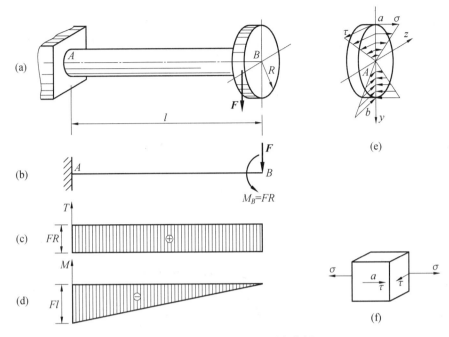

图 8.20　圆截面杆 AB 的强度分析

若将式(a)代入式(8.18),并注意到对于圆杆,$W_t = 2W$,可得以弯矩、扭矩和抗弯截面系数表示的强度条件为

$$\sigma_{r3} = \frac{\sqrt{M^2 + T^2}}{W} \leqslant [\sigma] \tag{8.19}$$

如用第四强度理论,其强度条件为

$$\sigma_{r4} = \sqrt{\frac{1}{2} \left[(\sigma_1 - \sigma_2)^2 + (\sigma_2 - \sigma_3)^2 + (\sigma_3 - \sigma_1)^2 \right]} \leqslant [\sigma]$$

将主应力代入,可得按第四强度理论建立的强度条件为

$$\sigma_{r4} = \sqrt{\sigma^2 + 3\tau^2} \leqslant [\sigma] \tag{8.20}$$

若以式(a)代入,则得

$$\sigma_{r4} = \frac{\sqrt{M^2 + 0.75 T^2}}{W} \leqslant [\sigma] \tag{8.21}$$

以上公式同样适用于空心圆截面杆,只需以空心圆截面杆的抗弯截面系数代替实心圆截面杆的抗弯截面系数即可。

式(8.18)~式(8.21)为弯曲与扭转组合变形圆截面杆件的强度条件。对于拉伸(或压缩)与扭转组合变形的圆杆,其横截面上也同时作用有正应力和切应力,在危险点处取出的单元体,其应力状态同弯曲与扭转组合时的情况相同,因此也可得出式(8.19)和式(8.21)的强度条件,但其中的弯曲应力 σ 应改为拉伸(或压缩)应力。

例 8.3　图 8.21(a)所示的手摇绞车,已知轴的直径 $d = 3$ cm,卷筒直径 $D = 36$ cm,两轴承间的距离 $l = 80$ cm,轴的许用应力$[\sigma] = 80$ MPa。试按第三强度理论计算绞车能起吊的最大安全载荷 P。

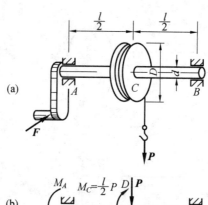

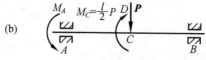

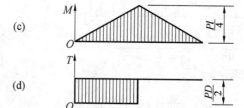

图 8.21   例题 8.3 图

解 （1）外力分析 将载荷 P 向轮心平移，得到作用于轮心的横向力 P 和一个附加的力偶，其偶矩为 $M_c = \frac{1}{2}PD$，它们代替了原来载荷的作用，且分别与轴承的约束力和转动绞车的力矩相平衡。由此得到轴的计算简图，如图 8.21(b) 所示。

（2）作内力图 绞车轴的弯矩图和扭矩图如图 8.21(c)、(d) 所示，由图可见，危险截面在轴的中点 C 处，此截面的弯矩和扭矩分别为

$$M_c = \frac{1}{4}Pl = \frac{1}{4}P \times 0.8 = 0.2P(\text{N} \cdot \text{m})$$

$$T = \frac{1}{2}PD = \frac{1}{2}P \times 0.36 = 0.18P(\text{N} \cdot \text{m})$$

（3）求最大安全载荷 由于轴的危险点处于复杂应力状态，故应按强度理论进行强度计算。又因轴是塑性材料制成的，可采用第三强度理论，即由公式(8.19)得

$$\sigma_{r3} = \frac{\sqrt{M^2 + T^2}}{W} \leqslant [\sigma]$$

即

$$\frac{\sqrt{(0.2P)^2 + (0.18P)^2}}{\frac{\pi \times 0.03^3}{32}} \leqslant 80 \times 10^6$$

由此解得

$$P \leqslant 788 \text{ N}$$

即最大安全载荷为 788 N。

例 8.4　一齿轮轴 AB 如图 8.22(a)所示。已知轴的转速 $n=265$ r/min,由电动机输入的功率 $P_K=10$ kW;两齿轮节圆直径为 $D_1=396$ mm,$D_2=168$ mm;齿轮啮合力与齿轮节圆切线的夹角 $\alpha=20°$;轴直径 $d=50$ mm,材料为 45 钢,其许用应力$[\sigma]=50$ MPa。试校核轴的强度。

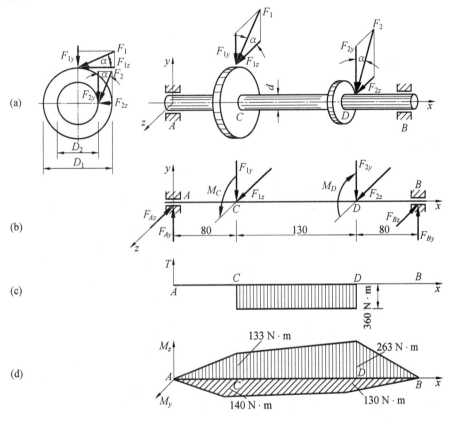

图 8.22　例题 8.4 图

解　此轴的受力情况比较复杂,各啮合力和轴承约束力都需要简化到两个互相垂直的平面上来处理。

(1)计算外力　取一空间坐标系 $Oxyz$,将啮合力 F_1、F_2 分解为切向力和径向力:F_{1y}、F_{1z} 和 F_{2y}、F_{2z},它们分别平行于 y 轴和 z 轴。再将两个切向力分别向齿轮中心平移,亦即将 F_{1z}、F_{2y} 平行移至轴上,同时加一附加力偶,其矩分别为

$$M_C=F_{1z}\cdot\frac{D_1}{2}, \quad M_D=F_{2y}\cdot\frac{D_2}{2}$$

轴的计算简图如图 8.22(b)所示。由图可见,M_C 和 M_D 使轴产生扭转,F_{1y}、F_{2y} 和 F_{1z}、F_{2z} 则分别使轴在平面 Oxy 和 Oxz 内发生弯曲。

下面进一步计算有关数据。由式(4.3)

$$M_e=M_C=M_D=9\,550\times\frac{P_K}{n}=9\,550\times\frac{10}{265}\text{N}\cdot\text{m}=360\text{ N}\cdot\text{m}$$

$$M_e = F_{1z} \cdot \frac{D_1}{2}$$

则

$$F_{1z} = \frac{2M_e}{D_1} = \frac{2 \times 360}{0.396} N = 1\ 818\ N$$

因

$$M_e = F_{2y} \cdot \frac{D_2}{2}$$

所以

$$F_{2y} = \frac{2M_e}{D_2} = \frac{2 \times 360}{0.168} N = 4\ 286\ N$$

又由图 8.22(a)所示切向力和径向力的三角关系,有

$$F_{1y} = F_{1z} \tan 20° = (1\ 818 \times 0.364) N = 662\ N$$
$$F_{2z} = F_{2y} \tan 20° = (4\ 286 \times 0.364) N = 1\ 560\ N$$

(2)作内力图、并确定危险截面　根据上面的简化结果,需分别画出轴在两互相垂直平面内的弯矩图和扭矩图,为此,须先计算轴的支座约束力。

在平面 Oxz 内,由平衡条件可求得轴承 A、B 处的支座约束力为

$$F_{Az} = 1\ 747\ N, \quad F_{Bz} = 1\ 631\ N$$

然后可画出平面 Oxz 内的弯矩 M_y 图,如图 8.22(d)中的水平图形。

同样,求得在平面 Oxy 内轴承 A、B 处的支座约束力为

$$F_{Ay} = 1\ 662\ N, \quad F_{By} = 3\ 286\ N$$

在平面 Oxy 内的弯矩 M_z 图,如图 8.22(d)中的铅垂图形。

根据图 8.22(b)所示的外力偶,画出轴的扭矩图如图 8.22(c)所示。

由弯矩图和扭矩图可见,在 CD 段内各截面的扭矩相同,而最大弯矩则可能出现在截面 C 或 D 上。截面 C、D 上的弯矩为该截面上两个方向弯矩的合成。对于圆截面轴而言,无论合成弯矩所在平面的方向如何,并不影响使用弯曲正应力公式来计算弯曲应力,因为合成弯矩的所在平面仍然是圆轴的纵向对称面。与力的合成原理相同,合成弯矩 M 的数值,等于两互相垂直平面内的弯矩平方和的开方,即

$$M = \sqrt{M_y^2 + M_z^2}$$

代入数值后,求得截面 C 和 D 的合成弯矩分别为

$$M_C = \sqrt{140^2 + 133^2} N \cdot m = 193\ N \cdot m$$
$$M_D = \sqrt{130^2 + 263^2} N \cdot m = 293\ N \cdot m$$

比较可知,在截面 D 上的合成弯矩最大。又从扭矩图知,此处同时存在的扭矩为

$$T = 360\ N \cdot m$$

(3)强度校核　对于塑性材料制成的轴,应采用第三或第四强度理论进行计算,用第三理论,则由式(8.20)

$$\sigma_{r3} = \frac{\sqrt{M_D^2 + T^2}}{W} = \frac{\sqrt{293^2 + 360^2}}{\frac{\pi}{32} \times 0.05^3} Pa$$

$$= 37.1 \times 10^6 \text{Pa} = 37.1 \text{ MPa} < [\sigma] = 50 \text{ MPa}$$

如采用第四强度理论,则由式(8.21)

$$\sigma_{r4} = \frac{\sqrt{M_D^2 + 0.75 T^2}}{W} = \frac{\sqrt{293^2 + 0.75 \times 360^2}}{\frac{\pi}{32} \times 0.05^3} \text{Pa}$$

$$= 34.2 \times 10^6 \text{Pa} = 34.2 \text{ MPa} < [\sigma] = 50 \text{ MPa}$$

计算可知,不论是根据第三强度理论,还是第四强度理论,轴的强度都是足够的。

必须指出,上述轴的计算是按静载荷情况来考虑的。这样处理在轴的初步设计或估算时是经常采用的。实际上,由于轴的转动,轴是在周期变化的交变应力作用下工作的,因此,有时还须进一步校核在交变应力作用下的强度。这在机械零件课程中将另有详述,本书不再讨论。

此外,在工程设计中,对于一些组合变形构件的强度问题,也常采用一种简化的计算方法。这就是当某一种基本变形起主导作用时,可将次要的基本变形忽略不计,而将构件简化为某种单一的基本变形;同时适当地增大安全系数或降低许用应力。例如,轧钢机中主动轧辊的辊身是弯曲与扭转组合变形的问题,但在实际计算中,可加大安全系数而只按弯曲强度来考虑。又如拧紧螺栓时,是拉伸与扭转的组合变形问题,有时则降低许用应力而只按拉伸强度来计算。如果构件所产生的几种基本变形都比较重要而不能忽略时,这就应作为组合变形构件的问题来处理了。

习　题

8.1　已知应力状态如图所示,求指定斜截面 ab 上的应力,并画在单元体上。

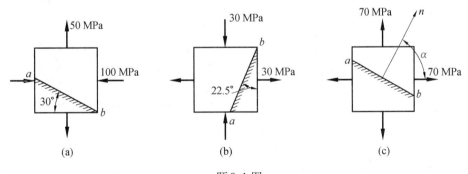

题 8.1 图

8.2　已知一点应力状态如图所示(图中应力的单位为 MPa)。试用解析法计算:(1)指定截面上的应力分量 σ_α、τ_α;(2)主应力 $\sigma'\sigma''$ 及其作用面的方位;(3)主切应力 $\tau'\sigma''$ 及其作用面的方位。

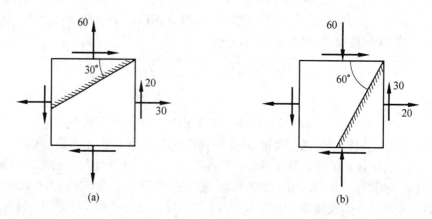

题 8.2 图

8.3 从构件中取出的微元体,其应力状态如图所示,单位均为 MPa。试求主应力、最大切应力、主方向、主切方向。

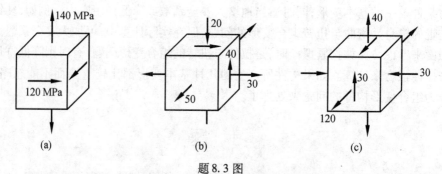

题 8.3 图

8.4 试用单元体表示如图所示各结构中点 A、B 的应力状态。

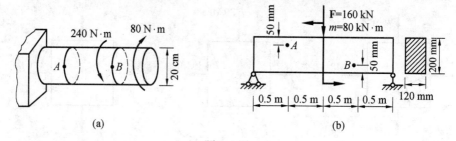

题 8.4 图

8.5 试求图示杆件点 A 处的主应力。

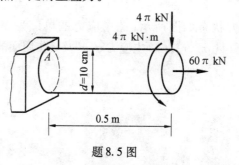

题 8.5 图

8.6 已知应力状态如图所示(应力的单位为 MPa)。试按第三、第四强度理论计算相当应力 σ_{r3} 和 σ_{r4}。

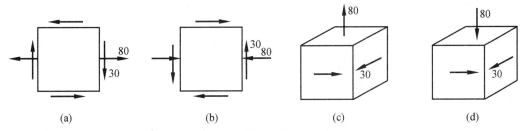

(a)   (b)   (c)   (d)

题 8.6 图

8.7 直径 $d=100$ mm 的受扭圆杆如图所示,已知 $n\text{-}n$ 截面边缘处 A 点的两个主应力分别为 $\sigma'=60$ MPa,$\sigma''=-60$ MPa。试求作用在杆件上的外力偶矩 M_e。

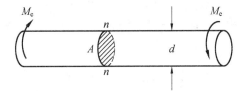

题 8.7 图

8.8 边长为 a 的正方体钢块放置在图示的刚性槽内(立方体与刚性槽间没有空隙),在钢块的顶面上作用 $q=140$MPa 的均布压力,已知 $a=20$ mm,$E=0.3\times10^5$ MPa,$\mu=0.3$。试求钢块沿 x、y、z 三个方向的正应力。

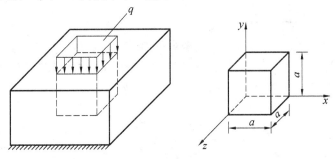

题 8.8 图

8.9 某铸铁杆件危险点处的应力情况如图所示,已知材料的许用拉应力 $[\sigma]=40$ MPa,泊松比 $\mu=0.3$。试校核该点的强度。

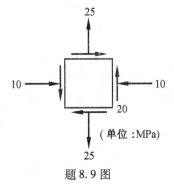

题 8.9 图

8.10 梁承受均布载荷矩形截面简支梁如图所示,q 的作用线通过截面形心且与 y 轴成 15°角,已知 $l=4$ m,$b=80$ mm,$h=120$ mm,材料的许用应力 $[\sigma]=10$ MPa。试求梁容许承受的最大载荷 q_{max}。

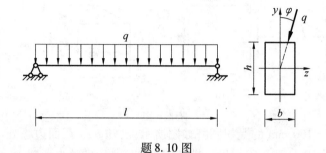

题 8.10 图

8.11 钢轨与火车轮接触点 K 的 3 个主应力 $\sigma_1=-650$ MPa,$\sigma_2=-700$ MPa,$\sigma_3=-900$ MPa。如果钢轨的许用应力 $[\sigma]=250$ MPa,试分别用第三、第四强度理论校核接触点 K 的强度。

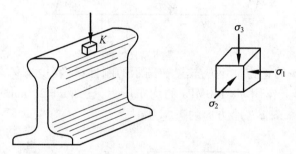

题 8.11 图

8.12 等截面钢轴如图所示,轴材料的许用应力 $[\sigma]=60$ MPa。若轴传递的功率 $N=3$ 马力(1 马力 $=735.499$ W),转速 $n=12$ r/min,试按第三强度理论确定轴的直径。

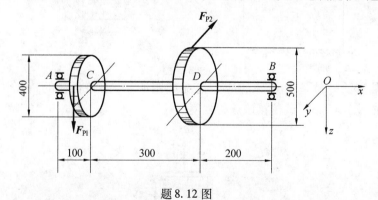

题 8.12 图

8.13 一轴上装有两个圆轮,如图 8.13 所示,F、P 两力分别作用于两轮上并处于平衡状态。圆轴直径 $d=110$ mm,$[\sigma]=60$ MPa,试按第四强度理论确定许用载荷 $[F]$。

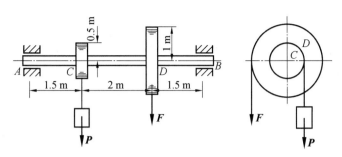

题 8.13 图

8.14　图 8.14 为某精密磨床砂轮轴的示意图。已知电动机功率 $P_K = 3\ kW$，转子转速 $n = 1\ 400\ r/min$，转子重量 $P_1 = 101\ N$。砂轮直径 $D = 250\ mm$，砂轮重量 $P_2 = 275\ N$。磨削力 $F_y : F_z = 3 : 1$，砂轮轴直径 $d = 50\ mm$，材料为轴承钢，$[\sigma] = 60\ MPa$。

（1）试用单元体表示出危险点的应力状态，并求出主应力和最大切应力。

（2）试用第三强度理论校核轴的强度。

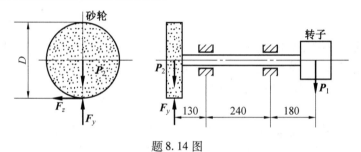

题 8.14 图

第 9 章

压杆稳定

9.1 压杆稳定性的概念

工程中有许多细长的受压杆件,例如,建筑结构中的立柱、内燃机连杆、汽缸活塞杆等等。在前面研究轴向压缩的直杆时,认为杆是在直线状态下维持平衡的,因此,杆的破坏是由强度不足引起的。实际工程中,这样的结果只对短粗的压杆才有意义,而对细长压杆,当作用力没有达到强度破坏数值时,就可能因为它不能维持在直线形状下的平衡而破坏。

为说明这种破坏现象,我们做如下试验:取两个尺寸分别为 10 mm×10 mm×10 mm 和 10 mm×10 mm×1 000 mm 的直杆,如图 9.1 所示,分别沿直杆轴线方向施加压力 F,当 F 不断增大时,试验结果显示长杆比短杆更容易断裂。杆的破坏并非强度不足导致的,而是由于杆件丧失稳定性所致。

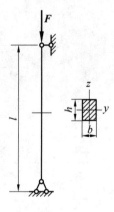

图 9.1

为进一步深入研究,取如图 9.2 所示两端铰支等直均质细长杆,在轴向压力 F 作用下保持直线状态。现在若对此压杆施加一横向干扰力,则压杆弯曲。当横向力解除后,会出现下述 3 种情况:当 F 小于某一数值 F_{cr} 时,压杆仍能恢复到原来的直线形状;当 F 大于某一数值 F_{cr} 时,压杆不能恢复原有的直线形状,而且继续弯曲,发生显著的弯曲变形;当 F 等于某一数值 F_{cr} 时,压杆在被干扰成的微弯状态下处于新的平衡,既不恢复原状,也不增加弯曲程度。

相对于压杆原有的直线平衡状态而言,第一种情况说明压杆的平衡是稳定的;第二种和第三种情况说明压杆的平衡是不稳定的。由此可见,压杆的原有直线状态的平衡是否稳定,取决于所受轴向压力 F 的大小。当轴向压力由小逐渐增大到某一数值时,压杆的直线状态的平衡由稳定过渡到不稳定,这种破坏现象称为压杆丧失稳定性,简称失稳,是不同于强度破坏的又一种破坏形式。而压杆由稳定过渡到不稳定,轴向压力的临界力用 F_{cr} 表示。研究压杆稳定性的关键是找到临界力 F_{cr}。

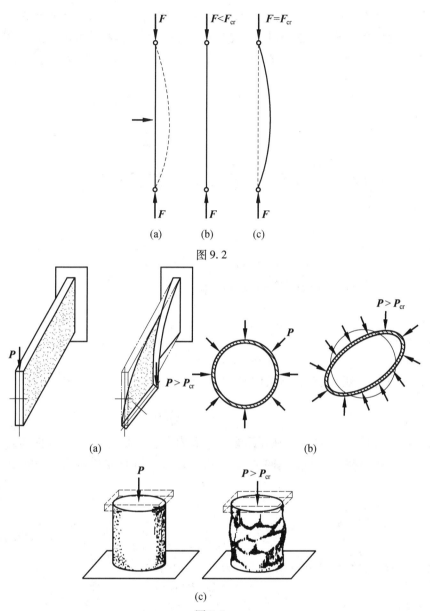

图 9.2

图 9.3

除了压杆,还有很多薄壁构件存在稳定性问题。例如,图 9.3 中左边各图分别为狭长矩形截面悬臂梁、受均匀外压作用的薄壁圆筒和轴向受压的薄壁圆柱壳,右图为它们发生的失稳。这里我们只研究压杆的稳定性问题。

9.2　两端铰支细长压杆的临界力

工程中的压杆,两端有不同的约束,约束条件不同,压杆的临界力也不同,即杆端约束对临界力有影响。

两端铰支细长压杆,选取坐标系如图9.4所示,当轴向压力刚好等于其临界力 F_{cr} 时,压杆失稳且处于微弯平衡状态,设距原点为 x 的任意截面的挠度为 ω,弯矩为 $M(x)$。若只取压力的绝对值,则 ω 为正时,$M(x)$ 为负;ω 为负时,$M(x)$ 为正,即 $M(x)$ 与 ω 的符号相反,则

$$M(x) = -F_{cr}\omega \tag{a}$$

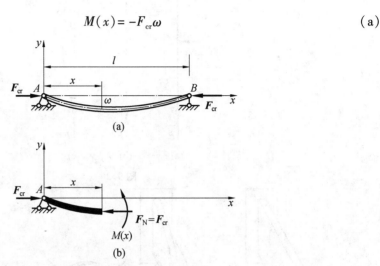

图9.4

当杆内应力不超过材料比例极限时,根据挠曲线近似微分方程,有

$$\omega'' = \frac{M(x)}{EI} = -\frac{F_{cr}}{EI}\omega \tag{b}$$

由于两端是球铰,允许杆件在任意纵向平面内发生弯曲变形,因而杆件的微小弯曲变形一定发生在抗弯能力最小的纵向平面内,所以,上式中 I 应是横截面最小的惯性矩。设

$$k^2 = \frac{F_{cr}}{EI} \tag{c}$$

于是式(b)可以改为

$$\omega'' + k^2\omega = 0 \tag{d}$$

此方程为二阶齐次缺 ω' 项的常微分方程,其通解为

$$\omega = A\sin kx + B\cos kx$$

式中 A、B——积分常数。杆件的边界条件是

$$x = 0 \text{ 和 } x = l \text{ 时}, \quad \omega = 0$$

由此求得

$$B = 0, \quad A\sin kl = 0$$

上式第二式表明,A 或者 $\sin kl$ 等于零。但因 B 等于零,如 A 再等于零,则 $\omega \equiv 0$,这表明杆件轴线上任意点的挠度皆为零,它仍为直线。这就与杆件失稳发生了微小弯曲的前提相矛盾。因此必须是 $\sin kl = 0$,于是

$$kl = n\pi$$

即

$$k = \frac{n\pi}{l}$$

代入式(c)得

$$F_{cr} = \frac{(n\pi)^2}{l^2} EI \quad (n = 0, 1, 2, 3, \cdots) \tag{e}$$

上式表明,使杆件保持曲线平衡的压力,理论上是多值的。但在工程上最有用的是第一临界力,即取 $n = 1$ 时,压力的最小值。于是得临界压力为

$$F_{cr} = \frac{\pi^2}{l^2} EI \tag{9.1}$$

这是两端铰支细长压杆临界压力的计算公式,也称为两端铰支压杆的欧拉公式。两端铰支压杆是工程中最常见的情况。例如,活塞杆和桁架结构中的受压杆等,一般都可简化为两端铰支压杆。

9.3　不同杆端约束细长压杆的临界力

工程中的压杆,两端会有各种不同的约束。当杆端的约束情况改变时,压杆的挠曲线近似微分方程和挠曲线的边界条件也随之改变,因而临界力的数值也不相同,即杆端约束对临界力有影响。

如图 9.5 为一端固定、一端自由,长为 l 的细长压杆。现将失稳后的挠曲线 AB 对称于固定端 B 向下延长得到 $A'B$。延长后挠曲线是一条半波正弦曲线,与上一节中两端铰支压杆失稳后的挠曲线一样。这样可以设想一端固定、一端自由,长为 l 的细长压杆,其临界力与两端铰支、长为 l 的细长压杆的临界力相同,即

$$F_{cr} = \frac{\pi^2 EI}{(2l)^2}$$

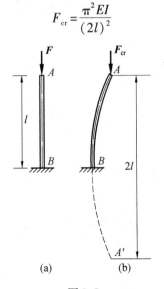

图 9.5

同上述方法,如果以两端铰支压杆的挠曲线为基本情况,将其与其他约束情况下的挠曲线对比,则可以得到欧拉公式的一般形式:

$$F_{cr} = \frac{\pi^2 EI}{(\mu l)^2} \tag{9.2}$$

式中　μ——不同约束条件下压杆的长度系数;

μl——两端铰支压杆的半波正弦曲线的长度,称为相当长度。

几种常见杆端约束情况下的长度系数见表 9.1。

表 9.1　压杆的长度系数表

杆端约束情况	两端铰支	一端固定、一端自由	一端固定、一端铰支	两端固定
挠曲线形状	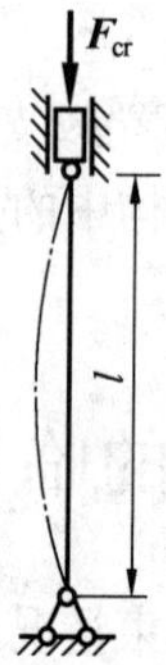	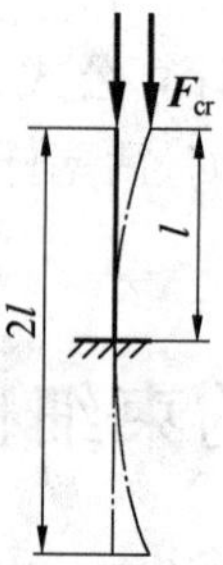	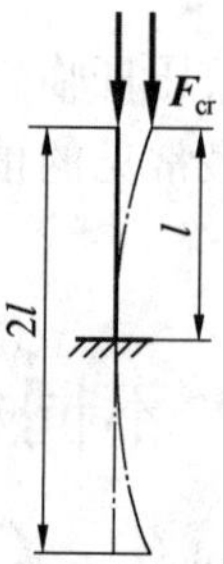	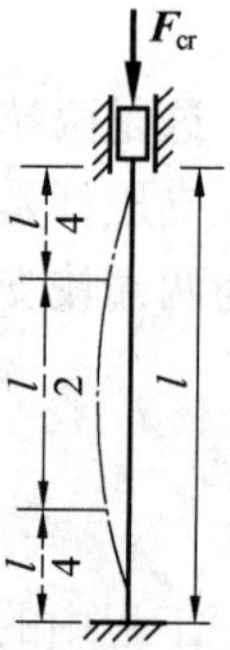
长度系数	1.0	2.0	0.7	0.5

应该指出,表 9.1 所列的杆端约束是典型的理想约束。实际工程中的杆端约束情况是复杂的,有时很难简单地将其归结为哪一种理想约束,应该根据实际情况做出具体分析。

9.4　临界应力

1. 临界应力和柔度

将式(9.2)的两端同时除以压杆横截面面积 A,得到的压应力称为压杆的临界应力,以 σ_{cr} 表示,即

$$\sigma_{cr} = \frac{F_{cr}}{A} = \frac{\pi^2 EI}{(\mu l)^2 A} \tag{a}$$

式中　I、A——与截面有关的几何量。若将惯性矩表示为 $I = i^2 A$,i 为截面的惯性半径,其量纲为长度的一次方,各种几何图形的惯性半径可以从手册中查到。

这样式(a)可改写为

$$\sigma_{cr} = \frac{\pi^2 E i^2}{(\mu l)^2} = \frac{\pi^2 E}{(\mu l/i)^2}$$

令 $\lambda = \dfrac{\mu l}{i}$,上式改为

$$\sigma_{cr} = \frac{\pi^2 E}{\lambda^2} \tag{9.3}$$

式中　λ——压杆的柔度或细长比,是一个无量纲量。它反映了杆端约束情况,压杆长

度、截面形状和尺寸对临界应力的综合影响。例如,对于直径为 d 的实心圆截面,其惯性半径为

$$i = \sqrt{\frac{I}{A}} = \sqrt{\frac{\pi d^4/64}{\pi d^2/4}} = \frac{d}{4}$$

柔度为

$$\lambda = \frac{\mu l}{i} = \frac{4\mu l}{d}$$

由上两式可以看出,若压杆越细长,则其柔度 λ 越大,压杆的临界应力越小,压杆越容易失去稳定性。反之,若为短粗压杆,则其柔度 λ 较小,而临界应力较大,压杆就不容易失稳。所以,柔度 λ 是压杆稳定性计算中的一个重要参数。

2. 欧拉公式的适用范围

在推导欧拉公式时,曾使用了杆弯曲时的挠曲线近似微分方程,而这个方程是建立在材料服从胡克定律的基础上的。因此,只有当压杆的临界应力 σ_{cr} 不超过材料的比例极限 σ_p 时,欧拉公式才能适用。即

$$\sigma_{cr} = \frac{\pi^2 E}{\lambda^2} < \sigma_p$$

或

$$\lambda \geq \pi \sqrt{\frac{E}{\sigma_p}}$$

由此可求得对应于比例极限 σ_p 的柔度值为

$$\lambda_p = \pi \sqrt{\frac{E}{\sigma_p}} \tag{9.4}$$

于是,欧拉公式的适用范围为

$$\lambda \geq \lambda_p$$

能满足上述要求的压杆称为细长杆或大柔度杆。例如常用的 Q235 钢制成的压杆,弹性模量 $E = 200$ GPa,比例极限 $\sigma_p = 200$ MPa,代入式(9.4)得

$$\lambda_p = \pi \sqrt{\frac{E}{\sigma_p}} = 3.14 \times \sqrt{\frac{200 \times 10^9 \text{ Pa}}{200 \times 10^6 \text{ Pa}}} \approx 100$$

也就是说,用 Q235 钢制成的压杆,其柔度 $\lambda \geq \lambda_p = 100$ 时,才能用欧拉公式来计算临界应力。对于其他材料也可求得相应的 λ_p 值。

当压杆的柔度 $\lambda < \lambda_p$ 时,临界应力 $\sigma_{cr} > \sigma_p$,欧拉公式已不适用。对于这类失稳问题,曾进行过许多理论和试验研究工作,得出理论分析的结果。但目前工程中普遍采用的是一些试验为基础的经验公式,如直线公式。

把临界应力与杆的柔度表示成如下线性关系:

$$\sigma_{cr} = a - b\lambda \tag{9.5}$$

式中　a、b——与材料性质有关的常数,其量纲都是 MPa。某些材料的 a、b 值,可以从表 9.2 中查得。

表 9.2　直线公式的系数 a、b 及柔度值 λ_p、λ_s

材料	a/MPa	b/MPa	λ_p	λ_s
Q235 钢	304	1.12	100	62
35 钢	461	2.568	100	60
45、55 钢	578	3.744	100	60
铸铁	332.2	1.454	80	—
松木	28.7	0.19	59	40

式(9.5)也有一个适用范围,以塑性材料为例,要求其临界应力不超过材料的屈服极限,即

$$\sigma_{cr} = a - b\lambda \leqslant \sigma_s$$

或

$$\lambda \geqslant \frac{a - \sigma_s}{b}$$

直线公式成立时,压杆柔度的最小值用 λ_s 表示,即

$$\lambda_s = \frac{a - \sigma_s}{b} \tag{9.6}$$

这说明,当压杆的柔度值满足 λ_s(或 λ_b) $\leqslant \lambda \leqslant \lambda_p$ 条件时,临界应力可以用直线公式计算。这样的压杆称为中柔度杆或中长杆。

柔度值 $\lambda \leqslant \lambda_s$(或 λ_b)的杆称为小柔度杆或短粗杆。试验证明,这种压杆当应力达到屈服极限 σ_s 或强度极限 σ_b 时才被破坏,破坏时很难观察到失稳现象。这说明小柔度杆是由于强度不足而被破坏的,应该以屈服极限 σ_s 或强度极限 σ_b 作为临界应力。

综上所述,压杆的临界应力随着压杆柔度变化的情况可用临界应力总图来表示,如图 9.6 所示。从图上可以明显看出,小柔度杆的临界应力与 λ 无关,而大柔度杆和中柔度杆的临界应力则随 λ 的增大而减小。

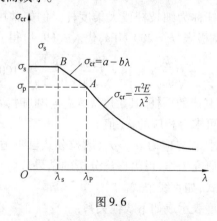

图 9.6

9.5　压杆稳定性计算

工程中,为了保证受压杆件具有足够的稳定性,需要建立压杆的稳定条件,进行稳定性计算。下面介绍两种计算方法。

1. 安全因数法

要使压杆不丧失稳定性,就必须使压杆的轴向压力小于其极限值,再考虑到压杆应有一定的安全储备,故压杆的稳定性条件为

$$F \leqslant \frac{F_{cr}}{[n]_{st}}$$

式中　$[n]_{st}$——稳定安全因数。

如设压杆的临界力 F_{cr} 与压杆实际承受的轴向压力 F 的比值为压杆的工作安全因数 n_{st},则用安全因数表示的压杆稳定性条件为

$$n_{st} = \frac{F_{cr}}{F} \geqslant [n]_{st} \quad 或 \quad n_{st} = \frac{\sigma_{cr}}{\sigma} \geqslant [n]_{st} \tag{9.7}$$

由稳定性条件便可对压杆进行稳定性计算,在工程中主要是稳定性校核。通常规定的稳定安全因数 $[n]_{st}$ 要高于强度安全因数,这是因为一些难以避免的因素,如压杆的初弯曲、压力偏心、材料的不均匀和支座缺陷等,对压杆稳定性的影响远远超过对强度的影响。稳定安全因数的取值,在有关规范或手册中均有具体规定。

2. 折减因数法

当压杆横截面上的轴向应力达到临界应力时将失稳,故将临界应力除以稳定安全因数作为压杆所能承受的最大压应力,即

$$\sigma = \frac{F}{A} \leqslant \frac{\sigma_{cr}}{[n]_{st}} = [\sigma]_{st}$$

式中　$[\sigma]_{st}$——稳定许用应力,它不但与材料有关,同时还与压杆柔度 λ 有关,而不同柔度的压杆一般又采用不同的安全因数,因而 $[\sigma]_{st}$ 不同于以前的强度许用应力 $[\sigma]$。在工程中,常常设

$$[\sigma]_{st} = \varphi[\sigma]$$

式中　φ——折减因数,当材料一定时,φ 值决定于 λ 值,λ 越大 φ 越小,且 $\varphi < 1$。工程中,为了计算方便,根据不同材料,将 φ 与 λ 间的关系列成表,当知道 λ 值后,便可直接查得 φ 值。将上式代入(a)后,得

$$\sigma = \frac{F}{A} \leqslant \varphi[\sigma] \tag{9.8}$$

【例 9.1】　如图 9.7 所示一个 12 cm×20 cm 的矩形截面木柱,长度 $l = 7$ m,在最大刚度平面内弯曲时为两端铰支,在最小刚度平面内弯曲时为两端固定。木材的弹性模量 $E = 10$ GPa,求木柱的临界应力。

解　先判断木柱在哪个平面内先发生失稳。

大刚度平面内:

$$\lambda_y = \frac{\mu l}{i_y} = \frac{\mu l}{\sqrt{I_y/A}} = \frac{1 \times 7}{\sqrt{12 \times 20^3/12 \times 20 \times 12}} = 121$$

小刚度平面内:

$$\lambda_z = \frac{\mu l}{i_z} = \frac{\mu l}{\sqrt{I_z/A}} = \frac{0.5 \times 7}{\sqrt{20 \times 12^3/12 \times 20 \times 12}} = 101$$

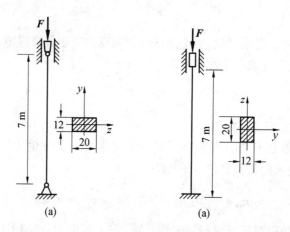

图 9.7

由于 $\lambda_y > \lambda_z$，因此木柱的失稳首先发生在大刚度平面内。

$$\lambda = \lambda_y = 121 > \lambda_p = 59$$

应用欧拉公式计算临界应力：

$$\sigma_{cr} = \frac{\pi^2 E}{\lambda^2} = \frac{3.14^2 \times 10 \times 10^9}{121^2} \text{MPa} = 6.73 \text{ MPa}$$

【例 9.2】 千斤顶如图 9.8 所示，丝杠长度 $l = 37.5$ cm，内径 $d = 4$ cm，材料 45 钢，最大起重量 $F = 80$ kN，规定稳定安全系数 $[n_{st}] = 4$。试校核丝杠的稳定性。

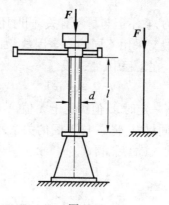

图 9.8

解 由题意知，丝杠可简化为下端固定、上端自由的压杆，$\mu = 2$。又 $i = d/r$，故

$$\lambda = \frac{\mu l}{i} = \frac{\mu l}{d/4} = \frac{2 \times 37.5}{4/4} = 75$$

由表 9.2 查得 45 钢的界限柔度为 $\lambda_s = 60, \lambda_p = 100$，而 $\lambda_s < \lambda < \lambda_p$，可知丝杠是中柔度杆，用直线经验公式计算其临界压力。

$$F_{cr} = \sigma_{cr} A = (a - b\lambda) \frac{\pi d^2}{4} = \left[(578 \times 10^6 - 3.744 \times 10^6 \times 75) \times \frac{\pi \times 0.04^2}{4} \right] \text{N} = 373 \text{ kN}$$

式中，$a = 578$ MPa，$b = 3.744$ MPa 由表 9.2 查得。

校核丝杠稳定性

$$n_{\mathrm{st}}=\frac{F_{\mathrm{cr}}}{F}=\frac{373}{80}=4.66>[\,n_{\mathrm{st}}\,]=4$$

由此可知,该千斤顶丝杠是稳定的。

9.6　提高压杆稳定性的措施

对压杆来说,其临界力越大,稳定性越好。从欧拉公式:

$$F_{\mathrm{cr}}=\frac{\pi^2 EI}{(\mu l)^2}$$

我们看到,临界力 F_{cr} 与 I、l、μ、E 有关,即影响压杆稳定性的因素有:压杆横截面的形状与尺寸、压杆的长度、压杆两端的约束条件及压杆的材料等。因而,为了提高压杆的稳定性,可从下列几方面考虑。

1.合理选择截面

临界力 F_{cr} 与截面的惯性矩 I 成正比,因此,在压杆横截面面积相同的条件下,应尽量采用 I 值较大的截面形式。这样,空心圆环形截面要比实心圆截面合理;箱形截面比正方形截面合理;对于由型钢组成的组合截面,应尽量使型钢分散布置,如图 9.9、9.10 所示截面,(a)比(b)合理。

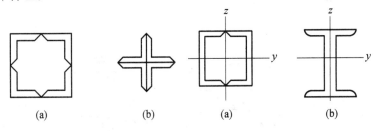

图 9.9　　　　　　　　　图 9.10

如压杆两端的支承情况沿各方向相同时,例如球铰,应使 $I_y=I_z$,则 $\lambda_y=\lambda_z$,压杆在不同方向具有相同的稳定性,那么采用圆形或正多边形截面是合理的;相反,某些压杆沿两个方向的支承情况不同时,例如发动机的连杆,如图 9.11 所示,在摆动平面内,两端可简化为铰支座,$\mu_1=1$,而在垂直于摆动平面的平面内,两端可简化为固定端,则 $\mu_2=0.5$。这就要求连杆截面对两个形心主惯性轴 x 和 y 有不同的 i_x 和 i_y,使得在两个主惯性平面内的柔度 $\lambda_1=\dfrac{\mu_1 l_1}{i_x}$ 和 $\lambda_2=\dfrac{\mu_2 l_2}{i_y}$ 接近相等,故应采用矩形截面或工字形截面,这样在两个相互垂直的主惯性纵向平面内压杆有接近相同的稳定性。

2.减小压杆的长度

由欧拉公式可知,压杆的临界力与压杆的长度成反比,因此在结构允许的情况下,应尽可能减小压杆的长度。

3.改变压杆的约束条件

压杆的临界力与 μ^2 成反比,而 μ 值取决于杆端的约束情况,杆端的约束作用越强,μ 值越小,临界力就越大,则压杆稳定性越好。例如,如图 9.12 所示,一长为 l,两端铰支的压杆,其 $\mu=1$, $F_{cr}=\dfrac{\pi^2 EI}{l^2}$ 。若在这一压杆的中点增加一个中间支座,或者把两端改为固定端,则 $F_{cr}=\dfrac{\pi^2 EI}{(0.5l)^2}=\dfrac{4\pi^2 EI}{l^2}$,可见临界压力变为原来的 4 倍。一般增加压杆的约束,使其更不容易发生弯曲变形,进而可以提高压杆的稳定性。

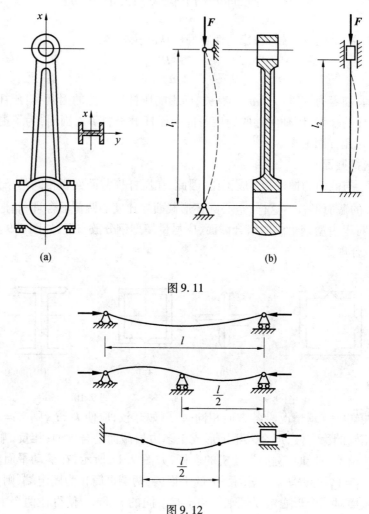

(a)   (b)

图 9.11

图 9.12

4.合理选择材料

细长压杆的临界压力由欧拉公式计算,故临界压力与材料的弹性模量 E 有关。对钢材来说,各类钢材的 E 值基本相同,所以从稳定性角度看,选用优质钢材或低碳钢并无太大差别。对于中柔度压杆,无论是根据经验公式或理论分析,都说明临界应力与材料强度有关。优质钢材在一定程度上可以提高临界应力。至于小柔度杆,本来就是强度问题,优质钢材的强度高,故其更具有优越性。

5.改压杆为拉杆

在可能的情况下,可改变结构布局,将压杆改为拉杆,例如图 9.13 所示的托架。

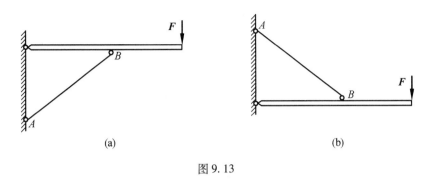

图 9.13

习　题

9.1　两端为球铰的压杆,其截面如图所示,试问失稳时,它将在过哪个轴的纵向平面内弯曲?

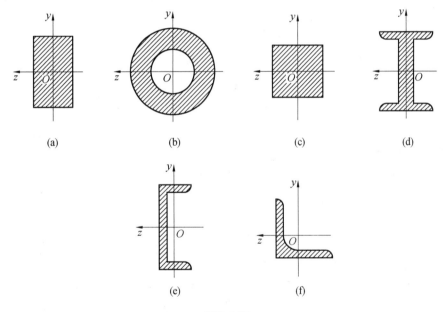

题 9.1 图

9.2　图示均为圆截面压杆,它们的直径 d 和材料均相同。试判断它们的临界力的大小。

9.3　图示为矩形截面压杆,当压杆在图纸平面内发生弯曲时,下端为固定,上端可视为弹性转动约束(不能有侧移,转动也稍受限制),此时压杆相当长度可取 $\mu l = 0.6l$。当压杆在垂直图纸平面内弯曲时,可视为下端固定,上端自由。已知 $h = 100$ mm,$l = 3$ m;压力 $F = 1\,600$ kN;材料 $E = 200$ GPa,$\sigma_p = 200$ MPa,$a = 310$ MPa,$b = 1.14$ MPa;$[n]_{st} = 3$。试校核其稳定性。

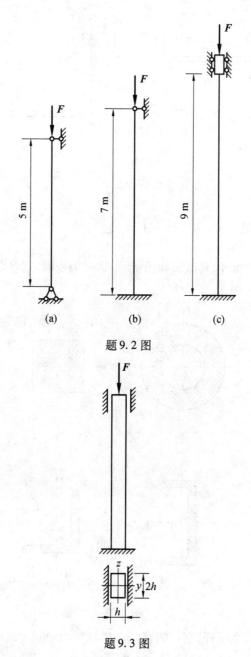

题 9.2 图

题 9.3 图

9.4 图示结构,A 为固定端,B、C 均为铰接。若 AB 和 BC 杆可以各自独立发生弯曲变形(互不影响),两杆材料均为 Q235 钢,$E=200$ GPa。同时,已知 $d=80$ mm,$a=70$ mm,$l=3$ m。若 $[n]_{st}=2.5$,试求该结构的最大许可轴向压力。

9.5 图示压杆的材料 Q235 钢,$E=210$ GPa,在正视图(a)的平面内,两端为铰支;在俯视图(b)的平面内,两段为固定,试求此杆的临界压力。

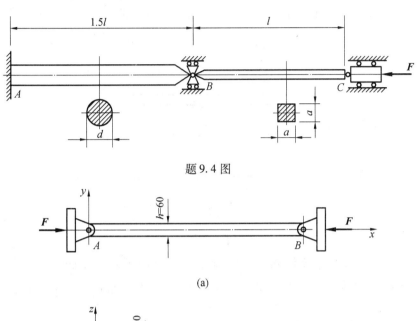

题 9.4 图

题 9.5 图

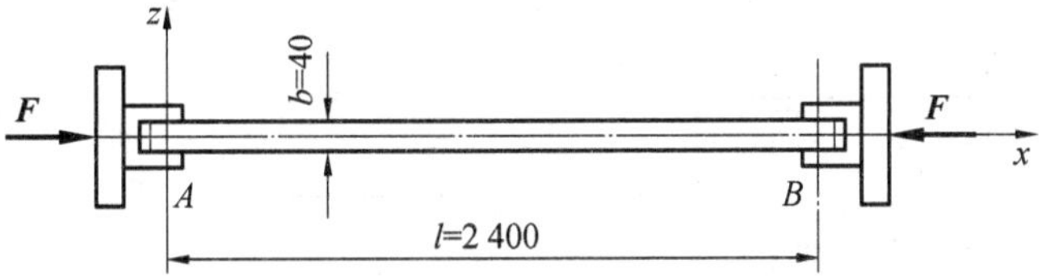

9.6　图示托架中杆 AB 的直径 $d = 4$ cm，长度 $l = 80$ cm，两段可视为铰支，材料是 Q235 钢，$E = 200$ GPa。

（1）按杆 AB 的稳定条件求托架的临界载荷 P_{cr}；

（2）若已知实际载荷 $P = 70$ kN，稳定安全系数 $[n_{st}] = 2$，问此托架是否安全？

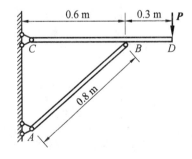

题 9.6 图

9.7　如图所示刚性杆 AB，在 C 处由 A3 钢制成的杆①支持，$E = 2 \times 10^5$ MPa，$\lambda_p = 100$。已知杆①的 $d = 50$ mm，$l = 3$ m。试问：

（1）A 处能施加的最大载荷 F 为多少？

（2）若在点 D 再加一根与杆①相同的杆②，则最大载荷 F 又为多少（只考虑面内失稳）？

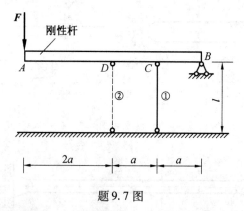

题9.7图

9.8　图示蒸汽机的活塞杆 AB，所受的压力 $F=120$ kN，$l=180$ cm，横截面为圆形，直径 $d=7.5$ cm。材料为 Q255 钢，$E=210$ GPa，$\sigma_p=240$ MPa，$[n_{st}]=8$，试校核活塞杆的稳定性。

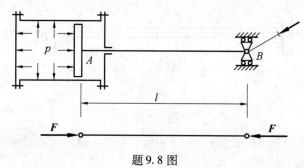

题9.8图

9.9　图示为 25a 工字钢柱，柱长 $l=7$ m，两端固定，规定稳定安全系数 $[n_{st}]=2$，材料是 Q235 钢，$E=210$ GPa。求钢柱的许可载荷。

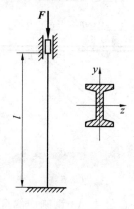

题9.9图

9.10　图示结构中 CF 为铸铁圆杆, 直径 $d_1 = 100$ mm, $[\sigma_c] = 120$ MPa, $E = 120$ GPa。BE 为钢圆杆, 直径 $d_2 = 50$ mm, 材料 Q235 钢, $[\sigma] = 160$ MPa, $E = 200$ GPa。若横梁 AD 视为刚性, 求载荷 F 的许可值。

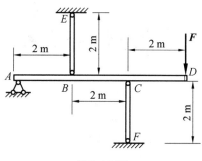

题 9.10 图

习题参考答案

第 2 章

2.1　（a）$F_{N1-1}=50$ kN,$F_{N2-2}=10$ kN,$F_{N3-3}=-20$ kN

　　（b）$F_{N1-1}=F,F_{N2-2}=0,F_{N3-3}=F$

　　（c）$F_{N1-1}=0,F_{N2-2}=4F,F_{N3-3}=3F$

2.2　$\sigma_{AB}=159.15$ MPa;$\sigma_{BC}=159.15$ MPa

2.3　$\sigma_{-50°}=45.07$ MPa,$\tau_{-50°}=-53.72$ MPa,$\sigma_{max}=109.09$ MPa,$\tau_{max}=54.55$ MPa

2.4　$[\sigma]=160$ MPa,$\sigma_1=82.9$ MPa$<[\sigma]$,$\sigma_2=131.8$ MPa$<[\sigma]$,安全

2.5　$E=70$ GPa,$\mu=0.3$

2.6　$\sigma_{max}=30$ MPa;$\Delta l=0.375$ mm

2.7　$p_{max}=6.5$ MPa

2.8　$\sigma=37.1$ MPa$<[\sigma]$,安全

2.9　$a=56$ mm

2.10　$F_P=56$ kN

2.11　AB 杆用钢质杆,$d_{AB}=30.3$ mm,BC 杆用铸铁杆,$d_{BC}=37.6$ mm

2.12　1.367 mm

2.13　完全

2.14　$l=200$ mm,$a=20$ mm

2.15　$F=698$ kN

第 3 章

3.1　$A_{剪}=\pi dt,A_{bs}=\dfrac{\pi}{4}(D^2-d^2)$

3.2　$d=21$ mm

3.3　$d=4$ cm

3.4　$\tau=106$ MPa$<[\tau]$,$\sigma_{bs}=141$ MPa$<[\sigma_{bs}]$

3.5　$\tau=7.14$ MPa$<[\tau]$,$\sigma_{bs}=25$ MPa$<[\sigma_{bs}]$

3.6　$d=34$ mm,$\delta=10.4$ mm

第 4 章

4.1　18.5 kW

4.2　（c）

4.3　（1）$T_1=6$ kN·m，$T_2=-2$ kN·m；（2）$T_1=-4$ kN·m，$T_2=1$ kN·m，$T_3=2$ kN·m

4.4　$\tau_{max}=46.54$ MPa；$\tau_{min}=23.27$ MPa

4.5　$\varphi_{BC}=-1.7\times10^{-4}$ rad

4.6　12 段：$\tau_{max}=49.42$ MPa$<[\tau]$；23 段：$\tau_{max}=21.28$ MPa$<[\tau]$，故满足强度条件

　　12 段：$\varphi_{max}=1.77$（°）/m$<[\varphi]$；23 段：$\varphi_{max}=0.435$（°）/m$<[\varphi]$，故满足强度条件

4.7　（1）$d_1=85$ mm，$d_2=75$ mm；（2）$d_1=d_2=85$ mm

4.8　（1）$\tau_{max,AC}=37.7$ MPa，$\tau_{max,CB}=47.0$ MPa，$\tau_{min,CB}=31.3$ MPa

　　（2）$\tau_{max}=-47.0$ MPa

　　（3）$\tau_A=\tau_B=37.7$ MPa，$\tau_C=12.6$ MPa

4.9　$E=216.3$ MPa，$G=81.6$ MPa，$\mu=0.325$

4.10　（1）0.51；（2）1.19

4.11　（1）$m=9.76$ N·m/m；（2）$\tau_{max}=17.78$ MPa$<[\tau]$；（3）$\varphi=0.296$ rad

4.12　$\varphi=\dfrac{32Ml}{3\pi G}\left(\dfrac{d_1^2+d_1d_2+d_2^2}{d_1^3d_2^3}\right)$

4.13　（1）$d\geqslant21.7$ mm；（2）$W=1.12$ kN

4.14　$d=100$ mm

4.15　（1）$\tau_{max}=71.3$ MPa；（2）不利，可能使轴发生强度失效；

　　（3）$D=54$ mm，$\varphi=-0.044$ rad

4.17　（1）$\tau_{max}=51.3$ MPa，$\tau_{min}=48.4$ MPa；（2）$d=53$ mm，$\dfrac{A_空}{A_实}=0.311$

4.18　$M_1/M_2=7$

4.19　$\varepsilon_{45°}=0.166\times10^{-3}$

4.22　$d\geqslant69.5$ mm

第 6 章

6.1　$\sigma_{max}=159$ MPa，$\sigma_{min}=93.6$ MPa，减少 41%

6.2　B 截面 $\sigma_t=94.1$ MPa，C 截面 $\sigma_t=173.9$ MPa，$\sigma_{max}=173.9$ MPa

6.3　A 点：$\sigma_1=16.67$ MPa，$\sigma_2=0$，$\sigma_3=-16.67$ MPa

　　B 点：$\sigma_1=0.93$ MPa，$\sigma_2=0$，$\sigma_3=-167.6$ MPa

　　C 点：$\sigma_1=\sigma_2=0$，$\sigma_3=-666.67$

　　D 点：同 C 点

　　E 点：$\sigma_1=\sigma_2=\sigma_3=0$

6. 4　$\sigma_{r3} = 143$ MPa，$\sigma_{r4} = 133$ MPa

6. 5　$h = 118$ mm，$b = 59$ mm

6. 6　$d = 44.3$ mm

6. 7　$a = 2.12$ m，$q = 25$ kN/m

6. 8　$h/b = \sqrt{2}$，$d = 227$ mm

6. 9　$d \geqslant 31.7$ mm，$d \geqslant 30.8$ mm

6. 10　$d \geqslant 51.8$ mm

6. 11　$\sigma_{r3} = 58.3$ MPa$< [\sigma]$，完全

6. 12　$[F] = 2.91$ kN

6. 13　(1) $\sigma_1 = 3.11$ MPa，$\sigma_2 = 0$，$\sigma_3 = -0.22$ MPa，$\tau_{max} = 1.67$ MPa

　　　　(2) $\sigma_{r3} = 3.33$ MPa$< [\sigma]$，安全

第 7 章

7. 2　$\theta_A = \theta_B = -\dfrac{M_e l}{24EI}$，$y_C = 0$

7. 7　(a) $\theta_B = -\dfrac{q_0 l^3}{24EI_z}$，$v_B = -\dfrac{q_0 l^4}{30EI_z}$；(b) $\theta_B = -\dfrac{13ql^3}{48EI_z}$，$v_B = -\dfrac{71ql^4}{38EI_z}$；

　　　　(c) $\theta_B = -\dfrac{9Fl^2}{8EI_z}$，$v_B = -\dfrac{29Fl^3}{48EI_z}$；(d) $\theta_B = -\dfrac{ql^3}{48EI_z}$，$v_B = -\dfrac{ql^4}{128EI_z}$

7. 8　(a) $v_A = -\dfrac{5qa^4}{24EI_z}$，$\theta_B = -\dfrac{qa^3}{12EI_z}$；(b) $v_A = -\dfrac{27ql^4}{128EI_z}$，$\theta_B = -\dfrac{13ql^3}{48EI_z}$；

　　　　(c) $v_A = -\dfrac{qa^4}{16EI_z}$，$\theta_B = -\dfrac{ql^3}{12EI_z}$

第 8 章

8. 1　(a) $\sigma_{60°} = 12.5$ MPa，$\tau_{60°} = -65$ MPa；(b) $\sigma_{157.5°} = 21.2$ MPa，$\tau_{157.5°} = -21.2$ MPa；

　　　　(c) $\sigma_\partial = 70$ MPa，$\tau_\partial = 0$

8. 2　(a) $\sigma'_x = 35.2$ MPa，$\tau_{x'y'} = -23$ MPa，$\sigma' = 70$ MPa，$\sigma'' = 20$ MPa，$\alpha'_\sigma = 63.43°$，

　　　　$\alpha''_\sigma = -26.57°$，$\tau' = 25$ MPa，$\tau'' = -25$ MPa，$\alpha'_\tau = 18.43°$，$\alpha''_\tau = 108.43°$

　　　　(b) $\sigma'_x = -26$ MPa，$\tau_{x'y'} = 49.64$ MPa，$\sigma' = 30$ MPa，$\sigma'' = -70$ MPa，$\alpha'_\sigma = 18.43°$，

　　　　$\alpha''_\sigma = 108.43°$，$\tau' = 50$ MPa，$\tau'' = -50$ MPa，$\alpha''_\tau = -26.57$，$\alpha''_\tau = 63.43°$

8. 3　(a) $\sigma = 140$ MPa，$\sigma_2 = 120$ MPa，$\sigma_3 = -120$ MPa，$\tau_{max} = 130$ MPa

　　　　(b) $\sigma_1 = 52.2$ MPa，$\sigma_2 = 50$ MPa，$\sigma_3 = -42.2$ MPa，$\tau_{max} = 47.2$ MPa

　　　　(c) $\sigma_1 = 130$ MPa，$\sigma_2 = 30$ MPa，$\sigma_3 = -30$ MPa，$\tau_{max} = 80$ MPa

8. 4　(a) $\tau_A = 101$ MPa，$\tau_B = 50$ MPa；(b) $\sigma_A = -37.5$ MPa，$\tau_A = 5.6$ MPa，$\sigma_B = $

　　　　12.5 MPa，$\tau_B = -1.87$ MPa

8.5　$\sigma_1 = 121.7 \text{ MPa}, \sigma_2 = 0, \sigma_3 = -33.7 \text{ MPa}$

8.6　(a)、(b)$\sigma_{r3} = 100 \text{ MPa}, \sigma_{r4} = 95.4 \text{ MPa}$；(c)、(d)$\sigma_{r3} = 110 \text{ MPa}, \sigma_{r4} = 95.4 \text{ MPa}$

8.7　$M_e = 11.8 \text{ kN}$

8.8　$\sigma_x = \sigma_z = -60 \text{ MPa}, \sigma_y = -140 \text{ MPa}$

8.9　$\sigma_{r1} = 34.1 \text{ MPa}$

8.10　$q_{max} = 0.71 \text{ kN/m}$

8.11　$\sigma_{r3} = 250 \text{ MPa} = [\sigma], \sigma_{r4} = 229 \text{ MPa} < [\sigma]$，安全

8.12　$d \geqslant 69.9 \text{ mm}$

第 9 章

9.3　$n_{st} = 2.98 < [n]_{st}$，不稳定

9.4　$[F] = 160 \text{ kN}$

9.5　$F_{cr} = 259 \text{ kN}$

9.6　$P_{cr} = 119 \text{ kN}, n_{st} = 1.73 < [n_{st}]$，不安全

9.7　(1)$F_{max} = 16.8 \text{ kN}$；(2)$F_{max} = 50.4 \text{ kN}$

9.8　$n_{st} = 8.27 > [n_{st}]$，完全

9.9　$[F] = 237 \text{ kN}$

9.10　$[F] = 180 \text{ kN}$

附录 A　截面的几何性质

不同受力形式下杆件的应力和变形,不仅取决于内力分量的类型和大小,而且与杆件横截面的几何形状以及尺寸有关。因此,研究杆件的强度、刚度、稳定性问题,都要涉及与截面图形的几何形状和尺寸有关的量,包括:形心、静矩、惯性矩、惯性半径、极惯性矩、惯性积等。研究上述几何量时,完全不考虑研究对象的物理和力学因素,作为纯几何问题加以处理。

A.1　静矩与形心

如图 A.1 所示任意截面图形面积为 A,在其上取面积微元 $\mathrm{d}A$,yOz 为任意选定的直角坐标系,定义下列积分:

$$\begin{cases} S_y = \displaystyle\int_A z\mathrm{d}A \\ S_z = \displaystyle\int_A y\mathrm{d}A \end{cases} \tag{A.1}$$

式中　S_y、S_z—— 截面图形对 y 轴和 z 轴的静矩,量纲为[长度]^3。随着所选取的坐标轴位置的不同,静矩 S_y 和 S_z 可为正、为负或为零。

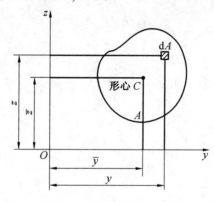

图 A.1

设 y_C、z_C 为截面图形的形心坐标,则根据合力矩定理

$$\begin{cases} S_z = Ay_C \\ S_y = Az_C \end{cases} \tag{A.2}$$

或

$$\begin{cases} y_C = \dfrac{S_z}{A} = \dfrac{\displaystyle\int_A y\,\mathrm{d}A}{A} \\[4mm] z_C = \dfrac{S_y}{A} = \dfrac{\displaystyle\int_A z\,\mathrm{d}A}{A} \end{cases} \tag{A.3}$$

这就是截面图形形心坐标与静矩之间的关系。

根据上述关于静矩的定义以及静矩与形心之间的关系可以看出：

（1）静矩与坐标轴有关，同一截面图形对于不同坐标轴有不同的静矩。对某些坐标轴静矩为正，对另外一些坐标轴静矩则可能为负；截面图形对形心轴的静矩等于零；相反，若截面图形对于某一轴的静矩为零，则该轴一定通过截面形心，即必为形心轴。

（2）如果已经计算出静矩，就可以确定形心的位置；反之，如果已知形心在某一坐标系中的位置，则可计算出图形对于这一坐标系中坐标轴的静矩。

（3）对于简单图形可根据已知几何学上的重心直接判定其形心位置。静矩与形心的计算与静力学中计算力矩与重心时的数学形式完全相同。如果把所讨论的截面比作是等厚均质薄板，则面积元素将与该处的重力成比例，因而对所选定坐标的静矩也与薄板对该轴的重力矩成比例，所以截面图形形心位置与薄板重心位置也是相互重合的。

实际计算中，对于一些简单规则的图形，例如：矩形、正方形、圆形、正三角形等其形心位置可以直接判断。对于组合图形，则应先将其分解为若干个简单图形，然后由式（A.3）分别计算它们对于给定坐标轴的静矩，并求其代数和，再利用式（A.4），即可得到组合图形的形心坐标：

$$\begin{cases} y_C = \dfrac{S_z}{A} = \dfrac{\displaystyle\sum_{i=1}^{n} A_i y_{Ci}}{\displaystyle\sum_{i-1}^{n} A_i} \\[6mm] z_C = \dfrac{S_y}{A} = \dfrac{\displaystyle\sum_{i=1}^{n} A_i z_{Ci}}{\displaystyle\sum_{i-1}^{n} A_i} \end{cases} \tag{A.4}$$

A.2　惯性矩、极惯性矩、惯性积、惯性半径

对截面图形以及给定的 Oyz 坐标系，定义如下积分：

$$\begin{cases} I_y = \displaystyle\int_A z^2\,\mathrm{d}A \\[4mm] I_z = \displaystyle\int_A y^2\,\mathrm{d}A \end{cases} \tag{A.5}$$

式中　I_y、I_z —— 截面图形对 y 轴及 z 轴的惯性矩。上述积分对整个图形面积 A 进行。

对截面图形，定义如下积分：

$$I_p = \int_A \rho^2 \, dA \qquad\qquad (A.6)$$

式中　　I_p——截面图形对任意点的极惯性矩；

　　　　ρ——微面积 dA 到求极惯性矩那个点的距离。

如果求截面图形对坐标原点 O 的极惯性矩，由图 A.2 可知

$$I_p = \int_A \rho^2 \, dA = \int_A (y^2 + z^2) \, dA = I_y + I_z \qquad\qquad (A.7)$$

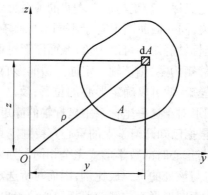

图 A.2

定义如下积分：

$$I_{yz} = \int_A yz \, dA \qquad\qquad (A.8)$$

式中　　I_{yz}——截面图形对 y 轴及 z 轴的惯性积。

由上式可知，当 y 轴、z 轴之一为截面图形的对称轴时，截面图形的惯性积必为零。随截面图形与坐标轴相对位置不同惯性积之值可正、可负，也可为零，但惯性矩、极惯性矩恒为正值。

工程上为方便起见，有时将惯性矩表示为截面图形的面积 A 与某一长度平方的乘积，即

$$\begin{cases} i_y = \sqrt{\dfrac{I_y}{A}} \\[2mm] i_z = \sqrt{\dfrac{I_z}{A}} \end{cases} \qquad\qquad (A.9)$$

式中　　i_y、i_z——截面图形对 y 轴及 z 轴的惯性半径。

对于矩形、实心圆、空心圆等简单截面图形，其惯性矩可以直接根据式（A.7），用积分的方法来计算。下面分别计算几种常用简单截面的惯性矩。

1. 矩形截面

如图 A.3 所示，矩形截面的高和宽分别为 h 和 b，通过其形心 O 作 y 轴和 z 轴，取面积元素 $dA = b\,dz$，则由式（A.7）得

$$I_y = \int_A z^2 \, dA = \int_{-\frac{h}{2}}^{\frac{h}{2}} z^2 b \, dz = \frac{bh^3}{12} \qquad\qquad (A.10)$$

同理可得

$$I_z = \frac{hb^3}{12} \qquad\qquad (\text{A. 11})$$

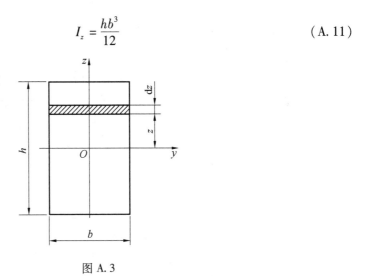

图 A. 3

2. 实心圆与空心圆截面

设实心圆截面的直径为 D，y 轴和 z 轴通过形心 O，如图 A. 4(a) 所示。取微面积 $\mathrm{d}A$，到圆心距离为 ρ。在扭转一章中，我们知道，实心圆截面对形心的极惯性矩为

$$I_\mathrm{p} = \int_A \rho^2 \mathrm{d}A = \frac{\pi D^4}{32}$$

由 $\rho^2 = y^2 + z^2$ 及图形的对称性 $I_y = I_z$，可得

$$I_\mathrm{p} = \int_A \rho^2 \mathrm{d}A = \int_A (y^2 + z^2) \mathrm{d}A = \int_A y^2 \mathrm{d}A + \int_A z^3 \mathrm{d}A = I_z + I_y = 2I_z = 2I_y$$

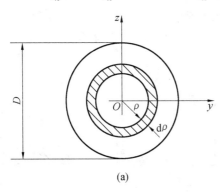
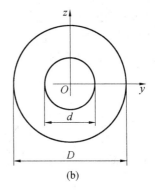

(a) (b)

图 A. 4

由此可得实心圆截面对 z 轴或 y 轴的惯性矩为

$$I_z = I_y = \frac{I_\mathrm{p}}{2} = \frac{\pi D^4}{64} \qquad\qquad (\text{A. 12})$$

同理，对于图 A. 4(b) 所示的空心圆截面，惯性矩为

$$I_z = I_y = \frac{I_\mathrm{p}}{2} = \frac{\pi}{64}(D^4 - d^4) = \frac{\pi D^4}{64}(1 - \alpha^4) \qquad\qquad (\text{A. 13})$$

其中 $$\alpha = \frac{d}{D}$$

式中 $\displaystyle\int_A yz\mathrm{d}A$——横截面对 y、z 轴的惯性积,用 I_{yz} 表示。显然,只要截面图形对称于 y、z 中的任一轴,其值为零。

例如,如图 A.5 所示,若图形对称于 y 轴,则总可在 y 轴两侧的对称位置处取两个微面积 $\mathrm{d}A$,其坐标 z 值相等而符号相反,坐标 y 值相同,因而积分的结果为零。

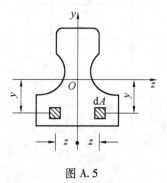

图 A.5

以上 3 种简单图形的 y 轴及 z 轴均为截面图形的对称轴,故惯性积均为零。

A.3 平行移轴公式

应用上一小节的方法,也可以计算其他简单截面图形对给定坐标轴的惯性矩。但工程实际中有许多梁的截面形状是比较复杂的,例如由钢板焊成的箱形梁(图 A.6(a)),由型钢和钢板并成的组合梁(图 A.6(b)、(c))以及 T 字形梁(图 A.6(d))等,所有这些梁的截面形状都是由若干个简单图形组成的,所以称之为组合截面梁。对于组合图形,一般都利用已知截面图形对形心轴及与形心轴相平行的坐标轴的惯性矩之间的关系求得。这就是平行移轴公式,下面推导这个公式。

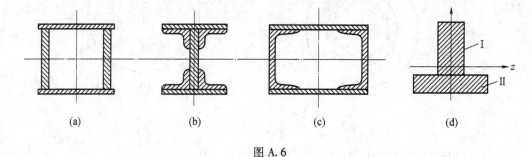

(a)   (b)   (c)   (d)

图 A.6

如图 A.7 所示,设任意截面图形的面积为 A,截面形心 C 在任一坐标系 yOz 上的坐标为 $(\bar{y},\bar{z})$,y_C、z_C 轴为截面图形的形心轴。取面积元素 $\mathrm{d}A$,其在两个坐标系中的坐标分别为 (y,z),(y_C,z_C) 由图可知

$$y = y_C + \bar{y}$$
$$z = z_C + \bar{z}$$

再由惯性矩的定义式,可得

$$I_y = \int_A z^2 \mathrm{d}A = \int_A (z_C + \bar{z})^2 \mathrm{d}A = \int_A z_C^2 \mathrm{d}A + 2\bar{z}\int_A z_C \mathrm{d}A + \bar{z}^2 \int_A \mathrm{d}A$$

$$I_z = \int_A y^2 \mathrm{d}A = \int_A (y_C + \bar{y})^2 \mathrm{d}A = \int_A y_C^2 \mathrm{d}A + 2\bar{y}\int_A y_C \mathrm{d}A + \bar{y}^2 \int_A \mathrm{d}A$$

式中 $\int_A z_C \mathrm{d}A$、$\int_A y_C \mathrm{d}A$——截面图形对形心轴 y_C 用 z_C 的静矩,等于零。而 $\int_A z_C^2 \mathrm{d}A$、$\int_A y_C^2 \mathrm{d}A$

为截面图形对形心轴的惯性矩,故简化为

$$I_y = I_{y_C} + \bar{z}^2 A \qquad\qquad (A.14a)$$

$$I_z = I_{z_C} + \bar{y}^2 A \qquad\qquad (A.14b)$$

式(A.14a)、式(A.14b)即为平行移轴公式。

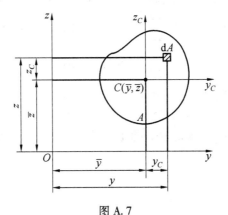

图 A.7

【**例 A.1**】 一 T 字形截面如图 A.8 所示,求其对中性轴 z 的惯性矩。

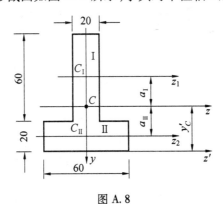

图 A.8

解 (1)确定形心和中性轴的位置。

将截面划分Ⅰ、Ⅱ两个矩形,取 z' 轴为参考轴,则两矩形的面积及其形心至 z' 轴的距离分别为

$$A_{\text{I}} = 20 \text{ mm} \times 60 \text{ mm} = 1\ 200 \text{ mm}^2$$

$$y'_1 = 20 \text{ mm} + \frac{60}{2}\text{mm} = 50 \text{ mm}$$

$$A_{\text{II}} = 60 \text{ mm} \times 20 \text{ mm} = 1\ 200 \text{ mm}^2$$

$$y'_{\mathrm{II}} = \frac{20}{2}\mathrm{mm} = 10\ \mathrm{mm}$$

整个截面的形心 C 到 z' 轴的距离为

$$y'_c = \frac{\sum A_i y_i}{A} = \frac{A_{\mathrm{I}} y'_{\mathrm{I}} + A_{\mathrm{II}} y'_{\mathrm{II}}}{A_{\mathrm{I}} + A_{\mathrm{II}}} = \frac{1\ 200 \times 50 + 1\ 200 \times 10}{1\ 200 + 1\ 200}\mathrm{mm} = 30\ \mathrm{mm}$$

即中性轴 z 与 z' 轴的距离为 30 mm。

（2）求各组成部分对中性轴 z 的惯性矩。

设两矩形的形心轴为 z_1 和 z_2，它们距 z 轴的距离分别为

$$a_{\mathrm{I}} = CC_1 = 20\ \mathrm{mm}, \quad a_{\mathrm{II}} = CC_{\mathrm{II}} = 20\ \mathrm{mm}$$

由平行移轴公式，两矩形对中性轴 z 的惯性矩分别为

$$I_{z\mathrm{I}} = I_{z_1\mathrm{I}} + a_{\mathrm{I}}^2 A_{\mathrm{I}} = \left(\frac{20 \times 60^3}{12} + 20^2 \times 1\ 200\right)\mathrm{mm}^4 = 840 \times 10^3\ \mathrm{mm}^4$$

$$I_{z\mathrm{II}} = I_{z_2\mathrm{II}} + a_{\mathrm{II}}^2 A_{\mathrm{II}} = \left(\frac{60 \times 20^3}{12} + 20^2 \times 1\ 200\right)\mathrm{mm}^4 = 520 \times 10^3\ \mathrm{mm}^4$$

（3）求整个截面对中性轴 z 的惯性矩。

将两矩形对 z 轴的惯性矩相加，得

$$I_z = I_{z\mathrm{I}} + I_{z\mathrm{II}} = (840 \times 10^3 + 520 \times 10^3)\mathrm{mm}^4 = 1\ 360 \times 10^3\ \mathrm{mm}^4$$

附录 B 型 钢 表

表 B.1 热轧等边角钢（GB 700—79）

符号意义：b——边宽；
d——边厚；
r——内圆弧半径；
r_1——边端内弧半径；
r_2——边端外弧半径；
r_0——顶端圆弧半径；
I——惯性矩；
i——惯性半径；
w——截面系数；
z_0——重心距离。

角钢号数	尺寸/mm b	d	r	截面面积 /cm²	理论重量 /(kg·m⁻¹)	外表面积 /(m²·m⁻¹)	x-x I_x /cm⁴	i_x /cm	W_x /cm³	x_0-x_0 I_{xo} /cm⁴	i_{xo} /cm	W_{xo} /cm³	y_0-y_0 I_{yo} /cm⁴	i_{yo} /cm	W_{yo} /cm³	x_1-x_1 I_1 /cm⁴	z_0/cm
2	20	3	3.5	1.132	0.889	0.078	0.40	0.59	0.29	0.63	0.75	0.45	0.17	0.39	0.20	0.81	0.60
		4		1.459	1.145	0.077	0.50	0.58	0.36	0.78	0.73	0.55	0.22	0.38	0.24	1.09	0.64
2.5	25	3	3.5	1.432	1.124	0.098	0.82	0.76	0.46	1.29	0.95	0.73	0.34	0.49	0.33	1.57	0.73
		4		1.859	1.459	0.097	1.03	0.74	0.59	1.62	0.93	0.92	0.43	0.48	0.40	2.11	0.76
3.0	30	3	4.5	1.749	1.373	0.117	1.46	0.91	0.68	2.31	1.15	1.09	0.61	0.59	0.51	2.71	0.85
		4		2.276	1.786	0.117	1.84	0.90	0.87	2.92	1.13	1.37	0.77	0.58	0.62	3.63	0.89
3.6	36	3	4.5	2.109	1.656	0.141	2.58	1.11	0.99	4.09	1.39	1.61	1.07	0.71	0.76	4.68	1.00
		4		2.756	2.163	0.141	3.29	1.09	1.28	5.22	1.38	2.05	1.37	0.70	0.93	6.25	1.04
		5		3.382	2.654	0.141	3.95	1.08	1.56	6.24	1.36	2.45	1.65	0.70	1.09	7.84	1.07
4.0	40	3	5	2.359	1.852	0.157	3.59	1.23	1.23	5.69	1.55	2.01	1.49	0.79	0.96	6.41	1.09
		4		3.086	2.422	0.157	4.60	1.22	1.60	7.29	1.54	2.58	1.91	0.79	1.19	8.56	1.13
		5		3.791	2.976	0.156	5.53	1.21	1.96	8.76	1.52	3.01	2.30	0.78	1.39	10.74	1.17

续表 B.1

角钢号数	b	d	r	截面面积 /cm²	理论重量 /(kg·m⁻¹)	外表面积 /(m²·m⁻¹)	I_x /cm⁴	i_x /cm	W_x /cm³	I_{x0} /cm⁴	i_{x0} /cm	W_{x0} /cm³	I_{y0} /cm⁴	i_{y0} /cm	W_{y0} /cm³	I_{x1} /cm⁴	z_0 /cm
							$x-x$			x_0-x_0			y_0-y_0			x_1-x_1	
4.5	45	3	5	2.659	2.088	0.177	5.17	1.40	1.58	8.20	1.76	2.58	2.14	0.90	1.24	9.12	1.22
		4		3.486	2.736	0.177	6.65	1.38	2.05	10.56	1.74	3.32	2.75	0.89	1.54	12.18	1.26
		5		4.292	3.369	0.176	8.04	1.37	2.51	12.74	1.72	4.00	3.33	0.88	1.81	15.25	1.30
		6		5.076	3.985	0.176	9.33	1.36	2.95	14.76	1.70	4.64	3.89	0.88	2.06	18.36	1.33
5	50	3	5.5	2.971	2.332	0.197	7.18	1.55	1.96	11.37	1.96	3.22	2.98	1.00	1.57	12.50	1.34
		4		3.897	3.059	0.197	9.26	1.54	2.56	14.70	1.94	4.16	3.85	0.99	1.96	16.69	1.38
		5		4.803	3.770	0.196	11.21	1.53	3.13	17.79	1.92	5.03	4.64	0.98	2.31	20.90	1.42
		6		5.688	4.465	0.196	13.05	1.52	3.68	20.68	1.91	5.85	5.42	0.98	2.63	25.14	1.46
5.6	56	3	6	3.343	2.624	0.221	10.19	1.75	2.48	16.14	2.20	4.08	4.24	1.13	2.02	17.56	1.48
		4		4.390	3.446	0.220	13.18	1.73	3.24	20.92	2.18	5.28	5.46	1.11	2.52	23.43	1.53
		5		5.415	4.251	0.220	16.02	1.72	3.97	25.42	2.17	6.42	6.61	1.10	2.98	29.33	1.57
		8		8.367	6.568	0.219	23.63	1.68	6.03	37.37	2.11	9.44	9.89	1.09	4.16	47.24	1.68
6.3	63	4	7	4.978	3.907	0.248	19.03	1.96	4.13	30.17	2.46	6.78	7.89	1.26	3.29	33.35	1.70
		5		6.143	4.822	0.248	23.17	1.94	5.08	36.77	2.45	8.25	9.57	1.25	3.90	41.73	1.74
		6		7.288	5.721	0.247	27.12	1.93	6.00	43.03	2.43	9.66	11.20	1.24	4.46	50.14	1.78
		8		9.515	7.469	0.247	34.46	1.90	7.75	54.56	2.40	12.25	14.34	1.23	5.47	67.11	1.85
		10		11.657	9.151	0.246	41.09	1.88	9.39	64.85	2.36	14.56	17.33	1.22	6.36	84.31	1.93

续表 B.1

角钢号数	尺寸/mm b	d	r	截面面积/cm²	理论重量/(kg·m⁻¹)	外表面积/(m²·m⁻¹)	参考数值 $x-x$ I_x/cm⁴	i_x/cm	W_x/cm³	x_0-x_0 I_{x0}/cm⁴	i_{x0}/cm	W_{x0}/cm³	y_0-y_0 I_{y0}/cm⁴	i_{y0}/cm	W_{y0}/cm³	x_1-x_1 I_{x1}/cm⁴	z_0/cm
7	70	4	8	5.570	4.372	0.275	26.39	2.18	5.14	41.80	2.74	8.44	10.99	1.40	4.17	45.74	1.86
		5		6.875	5.397	0.275	32.21	2.16	6.32	51.08	2.73	10.32	13.34	1.39	4.95	57.21	1.91
		6		8.460	6.406	0.275	37.77	2.15	7.48	59.93	2.71	12.11	15.61	1.38	5.67	68.73	1.95
		7		9.424	7.398	0.275	43.09	2.14	8.59	68.35	2.69	13.81	17.82	1.38	6.34	80.29	1.99
		8		10.667	8.373	0.274	48.17	2.12	9.68	76.37	2.68	15.43	19.98	1.37	6.98	91.92	2.03
(7.5)	75	5	9	7.367	5.818	0.295	39.97	2.33	7.32	63.30	2.92	11.94	16.63	1.50	5.77	70.56	2.04
		6		8.797	6.905	0.294	46.95	2.31	9.64	74.38	2.90	14.02	19.51	1.49	6.67	84.55	2.07
		7		10.160	7.976	0.294	53.57	2.30	9.93	84.96	2.89	16.02	22.18	1.48	7.44	98.71	2.11
		8		11.503	9.030	0.294	59.99	2.28	11.20	95.07	2.88	17.93	24.86	1.47	8.19	112.97	2.15
		10		14.126	11.089	0.294	71.98	2.26	13.64	113.92	2.84	21.48	30.05	1.46	9.56	141.71	2.22
8	80	5	9	7.912	6.211	0.315	48.79	2.48	8.34	77.33	3.13	13.67	20.25	1.60	6.65	85.36	2.15
		6		9.397	7.376	0.314	57.35	2.47	9.87	90.98	3.11	16.08	23.72	1.59	7.65	102.50	2.19
		7		10.860	8.525	0.314	65.58	2.46	11.37	104.07	3.10	18.40	27.09	1.58	8.58	119.70	2.23
		8		12.303	9.658	0.314	73.49	2.44	12.83	116.60	3.08	20.61	30.39	1.57	9.46	136.97	2.27
		10		15.126	11.874	0.313	88.43	2.42	15.64	140.09	3.04	24.76	36.77	1.56	11.08	171.74	2.35
9	90	6	10	10.637	8.350	0.354	82.77	2.79	12.61	131.26	3.51	20.63	34.28	1.80	9.95	145.87	2.44
		7		12.301	9.656	0.354	94.83	2.78	14.54	150.47	3.50	23.64	39.18	1.78	11.19	170.30	2.48
		8		13.994	10.946	0.353	106.47	2.76	16.42	168.97	3.48	26.55	43.97	1.78	12.35	194.80	2.52
		10		17.167	13.476	0.353	128.58	2.74	20.07	203.90	3.45	32.04	53.26	1.76	14.52	244.07	2.59
		12		20.306	15.940	0.352	149.22	2.71	23.57	236.21	3.41	37.12	62.22	1.75	16.49	293.76	2.67

续表 B.1

角钢号数	尺寸/mm			截面面积 /cm²	理论重量 /(kg·m⁻¹)	外表面积 /(m²·m⁻¹)	参 考 数 值												
							$x-x$			x_0-x_0			y_0-y_0			x_1-x_1	z_0/cm		
	b	d	r				I_x /cm⁴	i_x /cm	W_x /cm³	I_{x0} /cm⁴	i_{x0} /cm	W_{x0} /cm³	I_{y0} /cm⁴	i_{y0} /cm	W_{y0} /cm³	I_{x1} /cm⁴			
10	100	6	12	11.932	9.366	0.393	114.95	3.01	15.68	181.98	3.90	25.74	47.92	2.00	12.69	200.07	2.67		
		7		13.796	10.830	0.393	131.86	3.09	18.10	208.97	3.89	29.55	54.74	1.99	14.26	233.54	2.71		
		8		15.638	12.276	0.393	148.24	6.08	20.47	235.07	3.88	33.24	61.41	1.98	15.75	267.09	2.76		
		10		19.261	15.120	0.392	179.51	3.05	25.06	284.68	3.84	40.26	74.35	1.96	18.54	334.48	2.84		
		12		22.800	17.898	0.391	208.90	3.03	29.48	330.95	3.81	46.80	86.84	1.95	21.08	402.34	2.91		
		14		26.256	20.611	0.391	236.53	3.00	33.73	374.06	3.77	52.90	99.00	1.94	23.44	470.75	2.99		
		16		29.627	23.257	0.390	262.53	2.98	37.82	414.16	3.74	58.57	110.89	1.94	25.63	539.8	3.06		
11	110	7	12	15.196	11.928	0.433	177.16	3.41	22.05	280.94	4.30	36.12	73.38	2.20	17.51	310.64	2.96		
		8		17.238	13.532	0.433	199.46	3.40	24.95	316.49	4.28	40.69	82.42	2.19	19.39	355.20	3.01		
		10		21.261	16.690	0.432	242.19	3.38	30.60	384.39	4.25	49.42	99.98	2.17	22.91	444.65	3.09		
		12		25.200	19.782	0.431	282.55	3.35	36.05	448.17	4.22	57.62	116.93	2.15	26.15	534.60	3.16		
		14		29.056	22.809	0.431	320.71	3.32	41.31	508.01	4.18	65.31	133.40	2.14	29.14	625.16	3.24		
12.5	125	8	14	19.750	15.504	0.492	297.03	3.88	32.52	470.89	4.88	53.28	123.16	2.50	25.86	521.01	3.37		
		10		24.373	19.133	0.491	361.67	3.85	39.97	573.89	4.85	64.93	149.46	2.48	30.62	651.93	3.45		
		12		28.912	22.696	0.491	423.16	3.83	41.17	671.44	7.82	75.96	174.88	2.46	35.03	783.42	3.53		
		14		33.367	26.193	0.490	481.65	3.80	54.16	763.73	4.78	86.41	199.57	2.45	39.13	915.61	3.61		
14	140	10	14	27.373	21.488	0.551	514.65	4.34	50.58	817.27	5.46	82.56	212.04	2.78	39.20	915.11	3.82		
		12		32.215	25.222	0.551	603.68	4.31	59.80	958.79	5.43	96.85	248.57	2.76	45.02	1 099.28	3.90		
		14		37.567	29.490	0.550	688.81	4.28	68.75	1 093.56	5.40	110.47	284.06	2.75	50.45	1 284.22	3.98		
		16		42.539	33.393	0.549	770.24	4.26	77.46	1 221.81	5.36	123.42	318.67	2.74	55.55	1 470.07	4.06		

续表 B.1

表头说明：参考数值分组 —— x-x（I_x, i_x, W_x）；x_0-x_0（I_{x_0}, i_{x_0}, W_{x_0}）；y_0-y_0（I_{y_0}, i_{y_0}, W_{y_0}）；x_1-x_1（I_{x_1}）；z_0。

角钢号数	b	d	r	截面面积 /cm²	理论重量 /(kg·m⁻¹)	外表面积 /(m²·m⁻¹)	I_x /cm⁴	i_x /cm	W_x /cm³	I_{x_0} /cm⁴	i_{x_0} /cm	W_{x_0} /cm³	I_{y_0} /cm⁴	i_{y_0} /cm	W_{y_0} /cm³	I_{x_1} /cm⁴	z_0 /cm
16	160	10	16	31.502	24.729	0.630	779.53	4.98	66.70	1 237.30	6.27	109.36	321.76	3.20	52.76	1 365.33	4.31
		12		37.441	29.391	0.630	916.58	4.95	78.98	1 455.68	6.24	128.67	377.49	3.18	60.74	1 639.57	4.39
		14		43.296	33.987	0.629	1 048.36	4.92	90.95	1 655.02	6.20	147.17	431.70	3.16	68.24	1 914.68	4.47
		16		49.067	38.518	0.629	1 175.08	4.89	102.63	1 865.57	6.17	164.89	484.59	3.14	75.31	2 190.82	4.55
18	180	12	16	42.241	33.159	0.710	1 321.35	5.59	100.82	2 100.10	7.05	165.00	543.81	3.58	78.41	2 332.80	4.89
		14		48.896	38.388	0.709	1 514.48	5.56	116.25	2 407.42	7.02	165.00	625.53	3.56	88.38	2 723.48	4.97
		16		55.467	43.542	0.709	1 700.99	5.54	131.13	2 703.37	6.98	189.14	698.60	3.55	97.83	3 115.29	5.05
		18		61.955	48.634	0.708	1 875.12	5.50	145.64	2 988.24	6.94	212.40	762.01	3.51	105.14	3 502.43	5.13
20	200	14	18	54.642	42.894	0.788	2 103.55	6.20	144.70	3 343.26	7.82	236.40	863.83	3.98	111.82	3 734.10	5.46
		16		62.013	48.680	0.788 8	2 366.15	6.18	163.65	3 760.89	7.79	265.93	971.41	3.96	123.96	4 270.39	5.54
		18		69.301	54.401	0.787	2 620.64	6.15	182.22	4 164.54	7.75	294.48	1 076.74	3.94	135.52	4 808.13	5.62
		20		76.505	60.056	0.787	2 867.30	6.12	200.42	4 554.55	7.72	322.06	1 180.04	3.93	146.55	5 347.51	5.69
		24		90.661	71.168	0.785	3 338.25	6.07	236.17	5 294.97	7.64	374.41	1 381.53	3.90	166.55	6 457.16	5.87

注:1. $r_1 = \dfrac{1}{3}d$, $r_2 = 0$。

2. 角钢长度：

钢号	2~4 号	4.5~8 号	9~14 号	16~20 号
长度	3~9 m	4~12 m	4~19 m	6~19 m

3. 一般采用材料:A2,A3,A5,A3F。

表 B.2 热轧不等边角钢（GB 9788—68）

符号意义：
B——长边宽度;
b——短边宽度;
d——边厚;
r——内圆弧半径;
r₁——边端内弧半径;
r₂——边端外弧半径;
r₀——顶端圆弧半径;
I——惯性矩;
i——惯性半径;
W——截面系数;
x₀——重心距离;
y₀——重心距离。

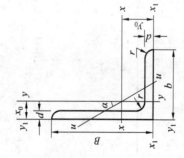

角钢号数	B	b	d	r	截面面积 /cm²	理论重量 /(kg·m⁻¹)	外表面积 /(m²·m⁻¹)	I_x /cm⁴	i_x /cm	W_x /cm³	I_y /cm⁴	i_y /cm	W_y /cm³	I_{x_1} /cm⁴	y_0 /cm	I_{y_1} /cm⁴	x_0 /cm	I_u /cm⁴	i_u /cm	W_u /cm³	$\tan\alpha$
2.5/1.6	25	16	3	3.5	1.162	0.912	0.080	0.70	0.78	0.43	0.22	0.44	0.19	1.56	0.86	0.43	0.42	0.14	0.34	0.16	0.392
			4		1.499	1.176	0.079	0.88	0.77	0.55	0.27	0.43	0.24	2.09	0.90	0.59	0.46	0.17	0.34	0.20	0.381
3.2/2	32	20	3		1.492	1.171	0.102	1.53	1.01	0.72	0.46	0.55	0.30	3.27	1.08	0.82	0.49	0.28	0.43	0.25	0.382
			4	4	1.939	1.522	0.101	1.93	1.00	0.93	0.57	0.54	0.39	4.37	1.12	1.12	0.53	0.35	0.42	0.32	0.374
4/2.5	40	25	3		1.890	1.484	0.127	3.08	1.28	1.15	0.93	0.70	0.49	6.39	1.32	1.59	0.59	0.56	0.54	0.40	0.386
			4		2.467	1.936	0.127	3.93	1.26	1.49	1.18	0.69	0.63	8.53	1.37	2.14	0.63	0.71	0.54	0.52	0.383
4.5/2.8	45	28	3	5	2.149	1.687	0.143	4.45	1.44	1.47	1.34	0.79	0.62	9.10	1.47	2.23	0.64	0.80	0.61	0.51	0.383
			4		2.806	2.203	0.143	5.69	1.42	1.91	1.70	0.78	0.80	12.13	1.51	3.00	0.68	1.02	0.60	0.66	0.380
5/3.2	50	32	3	5.5	2.431	1.908	0.161	6.24	1.60	1.84	2.02	0.91	0.82	12.49	1.60	3.31	0.73	1.20	0.70	0.68	0.404
			4		3.177	2.494	0.160	8.02	1.59	2.39	2.58	0.90	1.06	16.65	1.65	4.45	0.77	1.53	0.69	0.87	0.402
5.6/3.6	56	36	3	6	2.743	2.153	0.181	8.88	1.80	2.32	2.92	1.03	1.05	17.54	1.78	4.70	0.80	1.73	0.79	0.87	0.408
			4		3.590	2.818	0.180	11.45	1.79	3.03	3.76	1.02	1.37	23.39	1.82	6.33	0.85	2.23	0.79	1.13	0.408
			5		4.415	3.466	0.180	13.45	1.77	3.71	4.49	1.01	1.65	29.25	1.87	7.94	0.88	2.67	0.78	1.36	0.404

续表 B.2

角钢号数	B	b	d	r	截面面积/cm²	理论重量/(kg·m⁻¹)	外表面积/(m²·m⁻¹)	I_x/cm⁴	i_x/cm	W_x/cm³	I_y/cm⁴	i_y/cm	W_y/cm³	I_{x_1}/cm⁴	y_0/cm	I_{y_1}/cm⁴	x_0/cm	I_u/cm⁴	i_u/cm	W_u/cm³	tan α
6.3/4	63	40	4	7	4.058	3.185	0.202	16.49	2.02	3.87	5.23	1.14	1.70	33.30	2.04	8.63	0.92	3.12	0.88	1.40	0.398
			5		4.993	3.920	0.202	20.02	2.00	4.74	6.31	1.12	2.71	41.63	2.08	10.86	0.95	3.76	0.87	1.71	0.396
			6		5.908	4.638	0.201	23.36	1.96	5.59	7.29	1.11	2.43	49.98	2.12	13.12	0.99	4.34	0.86	1.99	0.393
			7		6.802	5.339	0.201	26.53	1.98	6.40	8.24	1.10	2.89	58.07	2.15	15.47	1.03	4.97	0.86	2.29	0.389
7/4.5	70	45	4	7.5	4.547	3.570	0.226	23.17	2.26	4.86	7.55	1.29	2.17	45.92	2.24	12.36	1.02	4.40	0.98	1.77	0.410
			5		5.609	4.403	0.225	27.95	2.23	5.92	9.13	1.28	2.65	57.10	2.28	15.39	1.06	5.40	0.98	2.19	0.407
			6		6.647	5.218	0.225	32.53	2.21	6.95	10.62	1.26	3.12	68.35	2.32	18.58	1.09	6.35	0.98	2.59	0.404
			7		7.657	6.011	0.225	37.22	2.20	8.03	12.01	1.25	3.57	79.99	2.39	21.84	1.13	7.16	0.97	2.94	0.402
7.5/5	75	50	5	8	6.125	4.808	0.245	34.86	2.39	6.83	12.61	1.44	3.30	70.00	2.40	21.04	1.17	7.41	1.10	2.74	0.435
			6		7.260	5.699	0.245	41.12	2.38	8.12	14.70	1.42	3.88	84.30	2.44	25.37	1.21	8.54	1.08	3.19	0.435
			8		9.467	7.431	0.244	52.39	2.35	10.52	18.53	1.40	4.99	112.50	2.52	35.23	1.29	10.87	1.07	4.10	0.429
			10		11.590	9.098	0.244	62.71	2.33	12.79	21.96	1.38	6.04	140.80	2.60	43.43	1.36	13.10	1.06	4.99	0.423
8/5	80	50	5	8	6.375	5.005	0.255	41.96	2.56	7.78	12.82	1.42	3.32	85.21	2.60	21.06	1.14	7.66	1.10	2.74	0.388
			6		7.560	5.935	0.255	49.49	2.56	9.25	14.95	1.41	3.91	102.53	2.65	25.41	1.18	8.85	1.08	3.20	0.387
			7		8.724	6.848	0.255	56.16	2.54	10.58	16.96	1.39	4.48	119.33	2.69	29.82	1.21	10.18	1.08	3.70	0.384
			8		9.867	7.745	0.254	62.83	2.52	11.92	18.85	1.38	5.03	136.41	2.73	34.32	1.15	11.38	1.07	4.16	0.381
9/5.6	90	56	5	9	7.212	5.661	0.287	60.45	2.90	9.92	18.32	1.59	4.21	121.32	2.91	29.53	1.25	10.98	1.23	3.49	0.485
			6		8.557	6.717	0.286	71.03	2.88	11.74	21.42	1.58	4.96	145.59	2.95	35.58	1.29	12.90	1.23	4.18	0.384
			7		9.880	7.756	0.286	81.01	2.86	13.49	24.36	1.57	5.70	169.66	3.00	41.71	1.33	14.67	1.22	4.72	0.382
			8		11.183	8.779	0.286	91.03	2.85	15.27	27.15	1.56	6.41	194.17	3.04	47.93	1.36	16.34	1.21	5.29	0.380

续表 B.2

角钢号数	尺寸/mm B	b	d	r	截面面积 /cm²	理论重量 /(kg·m⁻¹)	外表面积 /(m²·m⁻¹)	$x-x$ I_x /cm⁴	i_x /cm	W_x /cm³	$y-y$ I_y /cm⁴	i_y /cm	W_y /cm³	x_1-x_1 I_{x_1} /cm⁴	y_0 /cm	y_1-y_1 I_{y_1} /cm⁴	x_0 /cm	$u-u$ I_u /cm⁴	i_u /cm	W_u /cm³	$\tan\alpha$
10/6.3	100	63	6	10	9.617	7.550	0.320	99.06	3.21	14.64	30.94	1.79	6.35	199.71	3.24	50.50	1.43	18.42	1.38	5.25	0.394
			7		11.111	8.722	0.320	113.45	3.29	16.88	35.26	1.78	7.29	233.00	3.28	59.14	1.47	21.00	1.38	6.02	0.393
			8		12.584	9.878	0.319	127.37	3.18	19.08	39.39	1.77	8.21	266.32	3.32	67.88	1.50	23.50	1.37	6.78	0.391
			10		15.467	12.142	0.319	153.81	3.15	23.32	47.12	1.74	9.98	333.06	3.40	85.73	1.58	28.33	1.35	8.24	0.387
10/8	100	80	6	10	10.637	8.350	0.354	107.04	3.17	15.19	61.24	2.40	10.16	199.83	2.95	102.68	1.97	31.65	1.72	8.37	0.627
			7		12.301	9.656	0.354	122.73	3.16	17.52	70.08	2.39	11.71	233.29	3.00	119.98	2.01	36.17	1.72	9.60	0.606
			8		13.944	10.946	0.353	137.92	3.14	19.81	78.58	2.37	13.21	266.61	3.04	137.37	2.05	40.58	1.71	10.30	0.625
			10		17.167	13.476	0.353	166.87	3.12	24.24	94.65	2.35	16.12	333.63	3.12	172.48	2.13	49.10	1.69	13.12	0.622
10/7	110	70	6	10	10.637	8.350	0.354	133.37	3.54	17.85	42.92	2.01	7.90	265.78	3.53	69.08	1.57	25.36	1.54	6.53	0.403
			7		12.301	9.656	0.354	153.00	3.53	20.60	49.01	2.00	9.09	310.07	3.57	80.82	1.61	28.95	1.53	7.05	0.402
			8		13.944	10.946	0.353	172.04	3.51	23.30	54.87	1.98	10.25	354.39	3.62	92.70	1.65	32.45	1.53	8.45	0.401
			10		17.167	13.476	0.353	208.39	3.48	28.54	64.88	1.96	12.48	443.13	3.70	116.83	1.72	39.20	1.51	10.29	0.397
12.5/8	125	80	7	11	14.096	11.066	0.403	227.98	4.02	26.86	74.42	2.30	12.01	454.99	4.01	120.32	1.80	43.81	1.76	9.92	0.408
			8		15.980	12.551	0.403	256.77	4.01	30.41	83.49	2.28	13.56	519.99	4.06	137.85	1.84	49.15	1.75	11.18	0.407
			10		19.712	15.474	0.402	312.04	3.98	37.33	100.67	2.26	16.56	650.09	4.14	173.40	1.92	59.45	1.74	13.64	0.404
			12		23.351	18.330	0.402	364.41	3.95	44.01	116.67	2.24	19.43	780.30	4.22	209.67	2.00	69.35	1.72	16.01	0.400
11/9	140	90	8	12	18.036	14.160	0.453	365.64	4.50	38.48	120.69	2.59	17.34	730.53	4.50	195.79	2.04	70.83	1.98	14.31	0.411
			10		22.261	17.475	0.452	445.50	4.47	47.31	146.03	2.56	21.22	913.20	4.58	245.92	2.12	85.82	1.96	17.48	0.409
			12		26.400	20.724	0.451	521.59	4.44	55.87	169.79	2.54	24.95	1096.09	4.66	296.89	2.19	100.21	1.95	20.54	0.406
			14		30.456	23.908	0.451	594.10	4.42	64.18	192.10	2.51	28.54	1279.26	4.74	348.82	2.27	114.13	1.94	23.52	0.403

续表 B.2

角钢号数	尺寸/mm				截面面积 /cm²	理论重量 /(kg·m⁻¹)	外表面积 /(m²·m⁻¹)	参 考 数 值														
								x—x			y—y			x_1-x_1		y_1-y_1		u—u			
	B	b	d	r				I_x /cm⁴	i_x /cm	W_x /cm³	I_y /cm⁴	i_y /cm	W_y /cm³	I_{x_1} /cm⁴	y_0 /cm	I_{y_1} /cm⁴	x_0 /cm	I_u /cm⁴	i_u /cm	W_u /cm³	$\tan\alpha$
16/10	160	100	10	13	25.315	19.875	0.512	668.69	5.14	62.13	205.03	2.85	26.56	1 362.89	5.24	336.59	2.28	121.47	2.19	21.92	0.390
			12		30.054	23.592	0.511	784.91	5.11	73.49	239.06	2.82	31.28	1 635.56	5.32	405.94	2.36	142.33	2.17	25.79	0.388
			14		34.709	27.247	0.510	896.30	5.08	84.56	271.20	2.80	35.83	1 908.50	5.40	476.42	2.43	162.23	2.16	29.56	0.385
			16		39.281	30.835	0.510	1 003.04	5.05	95.33	301.60	2.77	40.24	2 181.79	5.48	548.22	2.51	182.57	2.16	33.44	0.382
18/11	180	110	10	14	28.373	22.273	0.571	956.25	5.80	78.96	278.11	3.13	32.49	1 940.40	5.89	447.22	2.44	166.50	2.42	26.88	0.376
			12		33.712	26.464	0.571	1 124.72	5.78	93.53	325.03	3.10	38.32	2 328.38	5.98	538.94	2.52	194.87	2.40	31.66	0.374
			14		38.967	30.589	0.570	1 286.91	5.75	107.76	369.55	3.08	43.97	2 716.60	6.06	631.95	2.59	222.30	2.39	36.32	0.372
			16		44.139	34.649	0.569	1 443.06	5.72	121.64	411.85	3.06	49.44	3 105.15	6.14	726.46	2.67	248.94	2.38	40.87	0.369
20/ 12.5	200	125	12	14	37.912	29.761	0.641	1 570.90	6.44	116.73	483.16	3.57	49.99	3 193.85	6.54	787.74	2.83	285.79	2.74	41.23	0.392
			14		43.867	34.436	0.640	1 800.97	6.41	134.65	550.83	3.54	57.44	3 726.17	6.62	922.47	2.91	326.58	2.73	47.34	0.390
			16		49.739	39.045	0.639	2 023.35	6.38	152.18	615.44	3.52	64.69	4 258.86	6.70	1 058.86	2.99	366.21	2.71	53.32	0.388
			18		55.526	43.588	0.639	2 238.30	6.35	169.33	677.19	3.49	71.74	4 792.00	6.78	1 197.13	3.06	404.83	2.70	59.18	0.385

注:1. $r_1 = \frac{1}{3}d$,$r_2=0$,$r_0=0$;

2. 角钢长度:2.5/1.6~5.6/3.6号,长 3~9 m;6.3/4~9/5.6号,长 4~12 mm;10/6.3~14/9号,长 4~19 m,16/10~20/12.5号,长 6~19 m。

3. 一般采用材料为 A2,A3,A5,A3F。

表 B.3 热轧槽钢 (GB 707-88)

斜度 1:10

符号意义:

h—高度; r_1—腿端圆弧半径; b—腿宽度; I—惯性矩; d—腰厚度; W—截面系数; t—平均腿厚度; i—惯性半径; r—内圆弧半径; z—y-y 轴与 y_1-y_1 轴间距

型号	尺寸 /mm						截面面积 /cm²	理论重量 /(kg·m⁻¹)	参考数值							
	h	b	d	t	r	r_1			x-x			y-y			y_1-y_1	z_0 /cm
									W_x /cm³	I_x /cm⁴	i_x /cm	W_y /cm³	I_y /cm⁴	i_y /cm	I_{y1} /cm⁴	
5	50	37	4.5	7	7	3.5	6.93	5.44	10.4	26	1.94	3.55	8.3	1.1	20.9	1.35
6.3	63	40	4.8	7.5	7.5	3.75	8.444	6.63	16.123	50.786	2.453	4.5	11.872	1.185	28.38	1.36
8	80	43	5	8	8	4	10.24	8.04	25.3	101.3	3.15	5.79	56.6	1.27	37.4	1.43
10	100	48	5.3	8.5	8.5	4.25	12.74	10	39.7	198.3	3.95	7.8	25.6	1.41	54.9	1.52
12.6	126	53	5.5	9	9	4.5	15.69	12.37	62.137	391.466	4.953	10.242	37.99	1.567	77.09	1.59
14a	140	58	6	9.5	9.5	4.75	18.51	14.53	80.5	563.7	5.52	13.01	53.2	1.7	107.1	1.71
14	140	60	8	9.5	9.5	4.75	21.31	16.73	87.1	609.4	5.35	14.12	61.1	1.69	120.6	1.67
16a	160	63	6.5	10	10	5	21.95	17.23	108.3	866.2	6.28	16.3	73.3	1.83	144.1	1.8
16	160	65	8.5	10	10	5	25.15	19.74	116.8	934.5	6.1	17.55	83.4	1.82	160.8	1.75
18a	180	68	7	10.5	10.5	5.25	25.69	20.17	141.4	1 272.7	7.04	20.03	98.6	1.96	189.7	1.88
18	180	70	9	10.5	10.5	5.25	29.29	22.99	152.2	1 369.9	6.85	21.52	111	1.95	210.1	1.84
20a	200	73	7	11	11	5.5	28.83	22.63	178	1 780.4	7.86	24.2	128	2.11	244	2.01

续表 B.3

型号	尺寸/mm h	尺寸/mm b	尺寸/mm d	尺寸/mm t	尺寸/mm r	尺寸/mm r_1	截面面积 /cm²	理论重量 (kg·m⁻¹)	x—x W_x /cm³	x—x I_x /cm⁴	x—x i_x /cm	y—y W_y /cm³	y—y I_y /cm⁴	y—y i_y /cm	y_1—y_1 I_{y1} /cm⁴	z_0 /cm
20	200	75	9	11	11	5.5	32.83	25.77	191.4	1 913.7	7.64	25.88	143.6	2.09	268.4	1.95
22a	220	77	7	11.5	11.5	5.75	31.84	24.99	217.6	2 393.9	8.67	28.17	157.8	2.23	298.2	2.1
22	220	79	9	11.5	11.5	5.75	36.24	28.45	233.8	2 571.4	8.42	30.05	176.4	2.21	326.3	2.03
25a	250	78	7	12	12	6	34.91	27.47	269.597	3 369.62	9.823	30.607	175.529	2.243	322.3	2.065
25b	250	80	9	12	12	6	39.91	31.39	282.402	3 530.04	9.405	32.657	196.421	2.218	353.2	1.982
25c	250	82	11	12	12	6	44.91	35.32	295.236	3 690.45	9.065	35.926	218.415	2.206	384.1	1.921
28a	280	82	7.5	12.5	12.5	6.25	40.02	31.42	340.328	4 764.59	10.91	35.718	217.989	2.333	387.66	2.097
28b	280	84	9.5	12.5	12.5	6.25	45.62	35.81	366.46	5 130.45	10.6	37.929	242.144	2.304	427.69	2.016
28c	280	86	11.5	12.5	12.5	6.25	51.22	40.21	392.594	5 496.32	10.35	40.301	267.602	2.286	426.60	1.951
32a	320	88	8	14	14	7	48.7	38.22	474.879	7 598.06	12.49	46.473	304.787	2.502	552.31	2.242
32b	320	90	10	14	14	7	55.1	43.25	509.012	8 144.2	12.15	49.157	336.332	2.471	592.93	2.158
32c	320	92	12	14	14	7	61.5	48.28	543.145	8 690.33	11.88	52.642	374.175	2.467	643.30	2.092
36a	360	96	9	16	16	8	60.89	74.8	659.7	11 874.2	13.97	63.54	455	2.73	818.4	2.44
36b	360	98	11	16	16	8	68.09	53.45	702.9	12 651.8	13.63	66.85	496.7	2.7	880.4	2.37
36c	360	100	13	16	16	8	75.29	50.1	746.1	13 429.4	13.36	70.02	536.4	2.67	947.9	2.34
40a	400	100	10.5	18	18	9	75.05	58.91	878.9	17 577.9	15.30	78.83	592	2.81	1 067.6	2.49
40b	400	102	12.5	18	18	9	83.05	65.19	932.2	18 644.5	14.98	52.52	640	2.78	1 135.6	2.44
40c	400	104	14.5	18	18	9	91.05	71.47	985.6	19 711.2	14.71	86.19	687.8	2.75	1 220.7	2.42

参考数值

注:截面图和表中标注的圆弧半径 r、r_1 的数据用于孔型设计,不作交货条件。

表 B. 4　热轧工字钢 (GB 706–88)

符号意义：

h—高度；r_1—腿端圆弧半径；b—腿宽度；I—惯性矩；d—腰厚度；W—截面系数；t—平均腿厚度；i—惯性半径；r—内圆弧半径；S—半截面的静距

型号	尺寸/mm						截面面积 /cm²	理论重量 /(kg·m⁻¹)	参考数值						
									$x-x$				$y-y$		
	h	b	d	t	r	r_1			I_x /cm⁴	W_x /cm³	i_x /cm	$I_x:S_x$ /cm	I_y /cm⁴	W_y /cm³	i_y /cm
10	100	68	4.5	7.6	6.5	3.3	14.3	11.2	245	49	4.14	8.59	33	9.72	1.52
12.6	126	74	5	8.4	7	3.5	18.1	14.2	488.43	77.529	5.195	10.58	46.906	12.677	1.609
14	140	80	5.5	9.1	7.5	3.8	21.5	16.9	712	102	5.76	12	64.4	16.1	1.73
16	160	88	6	9.9	8	4	26.1	20.5	1 130	141	6.58	13.8	93.1	21.2	1.89
18	180	94	6.5	10.7	8.5	4.3	30.6	24.1	1 660	185	7.36	15.4	122	26	2
20a	200	100	7	11.4	9	4.5	35.5	27.9	2 370	237	8.15	17.2	158	31.5	2.12
20b	200	102	9	11.4	9	4.5	39.5	31.1	2 500	250	7.96	16.9	169	33.1	2.06
22a	220	110	7.5	12.3	9.5	4.8	42	33	3 400	309	8.99	18.9	225	40.9	2.31
25a	250	116	8	13	10	5	48.5	38.1	5 023.54	401.88	10.8	21.58	280.046	47.283	2.403
25b	250	118	10	13	10	5	53.5	42	5 283.96	422.72	9.938	21.27	309.297	52.423	2.404
28a	280	122	8.5	13.7	10.5	5.3	55.45	43.4	7 114.14	508.15	11.32	24.62	345.051	56.565	2.495
28b	280	124	10.5	13.7	10.5	5.3	61.05	47.9	7 480	534.29	11.08	24.24	379.496	61.209	2.493
32a	320	130	9.5	15	11.5	5.8	67.05	52.7	11 075.5	692.2	12.84	27.46	459.93	70.758	2.619
32b	320	132	11.5	15	11.5	5.8	73.45	57.7	11 621.4	726.33	12.58	27.09	501.53	75.989	2.614
32c	320	134	13.5	15	11.5	5.8	79.95	62.8	12 167.5	760.49	12.34	26.77	543.81	81.166	2.608

续表 B.4

型号	尺寸 /mm						截面面积 /cm²	理论重量 /(kg·m⁻¹)	参考数值						
									x—x				y—y		
	h	b	d	t	r	r_1			I_x /cm⁴	W_x /cm³	i_x /cm	$I_x:S_x$ /cm	I_y /cm⁴	W_y /cm³	i_y /cm
36a	360	136	10	15.8	12	6	76.3	59.9	15 760	875	14.4	30.7	552	81.2	2.69
36b	360	138	12	15.8	12	6	83.5	65.6	16 530	919	14.1	30.3	582	84.3	2.64
36c	360	140	14	15.8	12	6	90.7	71.2	17 310	962	13.8	29.9	612	87.4	2.6
40a	400	142	10.5	16.5	12.5	6.3	86.1	67.6	21 720	1 090	15.9	34.1	660	93.2	2.77
40b	400	144	12.5	16.5	12.5	6.3	94.1	73.8	22 780	1 140	15.6	33.6	692	96.2	2.71
40c	400	146	14.5	16.5	12.5	6.3	102	80.1	23 850	1 190	15.2	33.2	727	99.6	2.65
45a	450	150	11.5	18	13.5	6.8	102	80.4	32 240	1 430	17.7	38.6	855	144	2.89
45b	450	152	13.5	18	13.5	6.8	111	87.4	33 760	1 500	17.4	38	894	118	2.84
45c	450	154	15.5	18	13.5	6.8	120	94.5	35 280	1 570	17.1	37.6	938	122	2.79
50a	500	158	12	20	14	7	119	93.6	46 470	1 860	19.7	42.8	1120	142	3.07
50b	500	160	14	20	14	7	129	101	48 560	1 940	19.4	42.4	1170	146	3.01
50c	500	162	16	20	14	7	139	109	50 640	2 080	19	41.8	1 220	151	2.96
56a	560	166	12.5	21	14.5	7.3	135.25	106.2	65 585.6	2 342.31	22.02	47.73	1 370.16	165.08	3.182
56b	560	168	14.5	21	14.5	7.3	146.45	115	68 512.5	2 446.69	21.63	47.17	1 486.75	174.25	3.162
56c	560	170	16.5	21	14.5	7.3	157.85	123.9	71 439.4	2 551.41	21.27	46.66	1 558.39	183.34	3.158
63a	630	176	13	22	15	7.5	154.9	121.6	93 916.2	2 981.47	24.62	54.17	1 700.05	193.24	3.314
63b	630	178	15	22	15	7.5	167.5	131.5	98 083.6	3 163.98	24.2	53.51	1 812.07	203.6	3.289
63c	630	180	17	22	15	7.5	180.1	141	102 251.1	3 298.42	23.82	52.92	1 924.91	213.88	3.268

注：截面图和表中标注的圆弧半径 r、r_1 的数据用于孔型设计，不作交货条件。

参考文献

［1］冯锡兰.工程力学［M］.北京:北京航空航天大学出版社,2012.

［2］王春香.材料力学［M］.北京:科学出版社,2007.

［3］孙训方,方孝淑,关来泰.材料力学（Ⅰ）［M］.5 版.北京:高等教育出版社,2009.